Edizioni PensareDiverso
Collana Cenacolo Jung Pauli

La metafisica del Gatto di Schrödinger.

Bruno Del Medico

La metafisica del Gatto di Schrödinger.

Un viaggio tra la fisica quantistica, la filosofia e i confini della realtà.

Sommario

Lo strano mondo quantistico: un ponte tra scienza e metafisica.

Nel 1935, Erwin Schrödinger, brillante fisico austriaco, propose un esperimento mentale destinato a diventare un'icona culturale e un enigma filosofico. In un momento in cui la fisica quantistica iniziava a scuotere le fondamenta del pensiero scientifico, Schrödinger immaginò un gatto chiuso in una scatola, intrappolato in una situazione tanto assurda quanto illuminante: vivo e morto allo stesso tempo, almeno fino a quando un osservatore non avesse aperto il coperchio della scatola.

Per chi non mastica i dettagli della meccanica quantistica, il paradosso può sembrare un'assurdità. E, in effetti, questa è proprio la sua forza. Schrödinger non cercava di definire un nuovo principio fisico. Piuttosto, egli voleva sottolineare le strane conseguenze di una teoria ancora giovane.

Quel gatto, idealmente collocato al limite tra due stati opposti, è diventato molto più di un esperimento concettuale. È uno specchio che riflette i paradossi della natura, della percezione e persino della nostra cultura.

Il paradosso affonda le sue radici nella teoria della sovrapposizione quantistica, una proprietà descritta proprio d Schrödinger in una celebre equazione. Nel mondo dell'infinitamente piccolo, particelle come elettroni e fotoni non "esistono" in un solo stato, ma in una combinazione di stati contemporaneamente. Una singola particella può attraversare due fessure nello stesso momento, come dimostra il famoso esperimento della doppia fenditura, e collassare in uno stato definito solo se viene osservata. Tuttavia, questo comportamento bizzarro sembra scomparire nel mondo macroscopico: un gatto non viaggia istantaneamente in due luoghi diversi né appare contemporaneamente vivo e morto.

Il paradosso, quindi, solleva una domanda essenziale: quando avviene il passaggio dal microcosmo al nostro mondo quotidiano? È merito dell'osservatore? Del nostro modo di interpretare la realtà? Oppure della natura stessa della realtà, che forse è molto più "sfumata" di quanto immaginiamo?

Immanuel Kant, secoli prima che Schrödinger formulasse il suo paradosso, aveva sostenuto che la realtà non è mai accessibile direttamente. Esiste sempre una "mediazione" della nostra mente, che organizza ciò che percepiamo secondo categorie come spazio e tempo. Ma la fisica quantistica sembra spingerci oltre il pensiero kantiano, suggerendo che la realtà stessa potrebbe dipendere dal nostro atto di osservarla.

Il legame tra la fisica e la filosofia non è mai stato così profondo, ma il "gatto" ha anche trovato la sua strada nella cultura popolare. Negli anni Settanta, il celebre fisico Stephen Hawking definì la meccanica quantistica come "assurda" e affascinante allo stesso tempo, citando proprio l'esempio del paradosso di Schrödinger.

E chi potrebbe dimenticare l'iconica scena nella serie televisiva *"The Big Bang Theory"*, in cui i personaggi discutono accanitamente del gatto vivo e morto? O ancora, il film *"Avengers: Endgame"*, in cui i Vendicatori usano il concetto di sovrapposizione quantistica per spiegare i viaggi nel tempo?

La metafora del gatto di Schrödinger si è insinuata ovunque, da romanzi di fantascienza a video musicali, fino ai meme che circolano sui social. Dietro questa leggerezza, però, si nasconde un pensiero complesso e provocatorio: il gatto incarna l'incertezza della nostra conoscenza e la fragilità del nostro modo di percepire la realtà. Anche il mondo della letteratura ha trovato ispirazione in questa "sovrapposizione". Romanzi come *"L'incubo di Schrödinger"* di John Gribbin mischiano scienza e narrativa per esplorare i grandi confini della natura. Questo dimostra quanto il paradosso abbia influenzato non solo i laboratori, ma anche l'immaginazione collettiva.

Il gatto non appartiene solo a fisici e filosofi. In un certo senso, Schrödinger ha creato uno strumento che ci invita a vedere le connessioni tra discipline diverse: fisica, filosofia, arte, psicologia. La sua scatola diventa una metafora del nostro stesso universo, in cui rimangono più domande che risposte.

Per esempio, nel campo della psicologia moderna, il paradosso del gatto è a volte usato per spiegare il concetto di ambiguità cognitiva. Accettiamo facilmente l'idea che alcuni eventi possano avere più di una interpretazione, ma è molto più difficile accettare che qualcosa possa "essere" due cose contemporaneamente.

Racchiudere il Gatto di Schrödinger in una singola interpretazione è impossibile, ma forse questo è il vero significato che il paradosso ci offre: è un invito a pensare in modo diverso. Il "gatto" è anche un incoraggiamento a spingerci oltre i confini delle nostre certezze, l'icona di un universo infinitamente complesso. Come nel "gato", anche la nostra visione del mondo è una sovrapposizione di ipotesi, punti di vista e misteri ancora da esplorare.

In fondo, il vero protagonista di questa storia non è solo il gatto, ma noi stessi. Quanto siamo disposti ad accettare che il nostro modo di guardare la realtà potrebbe essere soltanto una delle tante versioni possibili? È questo il lascito del paradosso. Non la soluzione, ma una domanda capace di generare una infinita curiosità.

Capitolo I: Il paradosso del Gatto di Schrödinger.

"Chiedi al gatto di Schrödinger cosa pensa, e la risposta sarà: 'Mi sono sempre trovato nei guai con la fisica.'"
(Michio Kaku).

La nascita del paradosso

Nel 1935, in un periodo cruciale per la scienza, il fisico austriaco Erwin Schrödinger diede vita a uno degli esperimenti mentali più celebri e rivoluzionari della storia: il paradosso del Gatto di Schrödinger. Questo concetto, nato come una critica all'interpretazione di Copenaghen della meccanica quantistica, non solo mise in discussione le fondamenta della fisica, ma aprì interrogativi sui confini della realtà stessa.

Schrödinger elaborò il paradosso durante la sua permanenza all'Università di Berlino. Era il cuore degli anni '30, un periodo turbolento per l'Europa e per la comunità scientifica. La rivoluzione quantistica aveva già sconvolto il panorama delle scienze naturali. Max Planck aveva introdotto i "quanti" all'inizio del secolo, Albert Einstein aveva esplorato il fenomeno dell'effetto fotoelettrico, e Werner Heisenberg aveva formulato il principio di indeterminazione. Tuttavia, la controversa "interpretazione di Copenaghen", guidata da Niels Bohr e Werner Heisenberg, poneva una domanda vertiginosa: la realtà esiste in funzione dell'osservatore? È l'atto della osservazione che determina la realtà?

Per illustrare l'assurdità di questa idea, Schrödinger propose il suo famoso esperimento mentale. Immaginate una scatola chiusa. In questa scatola ci sono un gatto, un atomo di materiale radioattivo, un contatore Geiger, un martello e una fiala di veleno. Se l'atomo si disintegra – un evento quantistico imprevedibile – il contatore rileva la radiazione, il martello frantuma la fiala e il veleno uccide il gatto. Ma se l'atomo non si disintegra, nulla accade, e il gatto rimane vivo.

Secondo la meccanica quantistica, fino a quando non apriamo la scatola e osserviamo, l'atomo si trova in una sovrapposizione di stati: disintegrato e non disintegrato. Di conseguenza, il gatto è sia vivo che morto, in un indefinito stato quantistico.

Questo paradosso non era semplicemente una provocazione teorica, ma una profonda riflessione sulla natura della realtà. Schrödinger voleva mettere in luce il problema dell'interazione tra il mondo microscopico (descritto dalle leggi della meccanica quantistica) e il mondo macroscopico, dove questi fenomeni sembrano sfidare il senso comune.

Un contesto turbolento per la scienza europea.

L'ideazione del paradosso non può essere separata dal contesto storico e culturale in cui Schrödinger viveva. Gli anni '30 erano segnati da un fermento scientifico senza precedenti, ma allo stesso tempo da forti tensioni politiche. La Germania nazista iniziava a imporre limitazioni ai ricercatori e alla libertà di pensiero. Nonostante il clima oppressivo, l'Università di Berlino ospitava alcuni dei più grandi pensatori dell'epoca. Schrödinger, tuttavia, era in disaccordo con gran parte del consenso scientifico che si stava formando attorno all'interpretazione di Copenaghen.

Schrödinger era un intellettuale complesso, sia scienziato che filosofo, con una profonda conoscenza della letteratura e del pensiero occidentale. Era affascinato dai confini tra fisica, filosofia e metafisica. Per lui, il paradosso del gatto rappresentava non solo un problema scientifico, ma anche un modo per interrogarsi sul ruolo dell'osservazione umana nella costruzione della realtà.

L'interpretazione di Copenhagen. Genesi e significato.

La fisica quantistica nasconde un fascino ineguagliabile, un mix di scienza concreta e suggestioni filosofiche che sfidano il nostro senso comune. Tra le sue varie interpretazioni, quella di Copenhagen occupa un posto speciale. Ha dato vita a uno degli esperimenti mentali più celebri di sempre: il famigerato "Gatto di Schrödinger". Ma cosa si nasconde dietro questo paradigma del pensiero moderno?

L'interpretazione di Copenhagen nasce nei laboratori e tra le menti brillanti che animarono i primi decenni del Novecento. Tra i protagonisti principali ci furono Niels Bohr, fisico danese, e Werner Heisenberg, uno dei più giovani e geniali scienziati della sua epoca. Negli anni Venti, i due furono tra i principali architetti di una visione interpretativa dei fenomeni quantistici, detta *"interpretazione di Copenhagen"* perché prendeva il nome dalla città in cui Bohr conduceva i suoi studi, e dove il suo celebre *Istituto di Fisica Teorica* attirava menti eccelse da tutto il mondo. Per questo veniva detta anche *"interpretazione della Scuola di Copenhagen"*

Nel 1927, durante il congresso di Solvay a Bruxelles, i dibattiti sulla vera natura della realtà quantistica raggiunsero il massimo della tensione. Uno dei punti salienti era il comportamento delle particelle subatomiche. La meccanica quantistica aveva mostrato che, a livello microscopico, le particelle non si comportano come oggetti solidi e ben definiti, ma come entità fluide. Quando non vengono osservate le particelle sono definibili solo in termini di probabilità. L'interpretazione di Copenhagen afferma che una particella, come un elettrone o un fotone, esiste in una sovrapposizione di stati (posizioni, velocità, energie) finché non la misuriamo. Solo la misura (cioè, l'osservazione) determina una "scelta" tra le sue possibilità. Come spiegò Niels Bohr :

"Non si può parlare della realtà di un oggetto finché non lo si osserva".

In altre parole, la possibilità stessa di conoscere è determinata dal nostro atto di osservare. Questa visione abbandonava l'idea di un universo oggettivo che esiste indipendentemente da chi lo studia..

Un pensiero rivoluzionario, ma controverso.

L'interpretazione di Copenhagen fu rivoluzionaria, ma anche profondamente polarizzante. Da un lato, molti vedevano in essa l'unico modo per spiegare i misteriosi fenomeni quantistici che cominciavano a emergere dai laboratori. Dall'altro, questa stessa idea spalancava le porte a dubbi e questioni filosofiche sul significato della realtà stessa.

Albert Einstein fu uno dei suoi più celebri critici. L'idea che l'universo fosse sotto il "controllo" del nostro atto di osservazione lo infastidiva profondamente. Al Congresso Solvay, nel 1927, Einstein sfidò Bohr con una celebre frase:

"Dio non gioca a dadi con l'universo!".

Ma Bohr, con calma tipicamente nordica, rispose:

*"Non sta a noi dire a Dio come giocare i suoi
dadi".*

L'interpretazione di Copenhagen non fu solo un dibattito tra scienziati. Essa aprì la strada a riflessioni più ampie che superarono i confini della fisica. Filosofi, teologi e persino artisti si sentirono attratti da quanto veniva ipotizzato nei laboratori. La sovrapposizione quantistica, per esempio, offriva spunti straordinari per rivedere il concetto di "essere" e "non essere", richiamando addirittura antichi insegnamenti della filosofia orientale, come la non-dualità predicata nel Buddhismo Zen.

John Wheeler, un altro fisico di spicco, spinse questa visione ulteriormente negli anni successivi, ipotizzando che l'universo stesso potrebbe rispondere alla presenza degli osservatori. Questa idea, nota come *"principio antropico"*, affonda le sue radici nell'interpretazione di Copenhagen e continua ad affascinare.

L'interpretazione di Copenhagen non è una realtà indiscussa, e molte altre interpretazioni (come quelle di David Bohm o Hugh Everett) sono emerse nel tempo. Ma sicuramente questa interpretazione è la più accettata e rimane un pilastro della fisica moderna e della nostra comprensione della realtà. E così, come il gatto di Schrödinger si aggira in un universo sospeso tra vita e morte, anche noi continuiamo a interrogarci, sospesi tra certezze scientifiche e misteri esistenziali che non smettono di affascinarci.

Una genesi ispirata da altre dualità.

Il paradosso di Schrödinger si colloca in un filone di altre "stranezze" della fisica dell'epoca. Uno dei punti cardine della rivoluzione quantistica era la scoperta del dualismo onda-particella, introdotto dal fisico francese Louis de Broglie nel 1924. Tale dualismo descriveva il comportamento della luce e degli elettroni, che si manifestavano sia come onde che come particelle, a seconda dell'esperimento condotto. Anche questo concetto sfidava il senso comune e il bisogno umano di categorizzare rigidamente la realtà. Schrödinger, con il suo gatto simultaneamente vivo e morto, ampliò questa idea a un livello mai visto prima, portandola dal mondo subatomico al macroscopico.

Molti anni dopo, lo stesso Schrödinger definì il paradosso con una certa ironia, riconoscendo che l'immagine del gatto serviva anche a scioccare il pubblico. Era un modo per rendere visibile l'invisibile, spingendo le persone a domandarsi quanto la nostra percezione influenzi ciò che consideriamo reale.

Cultura, aneddoti e immortalità del gatto.

Il paradosso del gatto non rimase confinato ai laboratori o alle stanze delle discussioni accademiche. Con il tempo, esso fece il salto nella cultura popolare, divenendo un'icona della fisica moderna. È difficile trovare oggi qualcuno che non abbia almeno sentito parlare del "gatto di Schrödinger", anche senza comprendere a fondo la meccanica quantistica.

Da romanzi e film fino a serie televisive come "*The Big Bang Theory*", l'esperimento mentale è stato citato, discusso e reinterpretato. Forse nessun altro esperimento mentale della storia ha avuto un impatto così duraturo e trasversale. L'immagine del gatto nella scatola, che vive a metà tra due mondi, continua a stimolare dibattiti non soltanto scientifici, ma anche filosofici e culturali. Schrödinger, pur non realizzandolo al tempo, aveva dato vita a un simbolo eterno dell'umana ricerca sui confini della realtà.

In definitiva, riflettere sulla nascita del paradosso significa immergersi nel momento in cui la scienza del microscopico ha incontrato le più grandi domande sulla natura della realtà. È un viaggio nello spazio indefinito tra l'essere e il non essere, dove non ci sono confini certi, ma solo possibilità. E il gatto, nel suo misterioso limbo, continua a guardare il mondo da una scatola che non smette di affascinarci.

Il problema della misura.

Per comprendere la genesi del paradosso, dobbiamo partire dalle basi della fisica quantistica. Negli anni '20, Max Born, Werner Heisenberg e Niels Bohr rivoluzionarono la fisica. Essi sostenevano che, a livello microscopico, la natura non segue le leggi deterministiche della fisica classica. Il cuore della loro teoria, benché ancora oggi dibattuto, è semplice e sconcertante: un sistema quantistico non ha uno stato definito finché non viene osservato o misurato.

Questa idea radicale diventa chiara con un esempio fondamentale. Immaginiamo un elettrone. In un esperimento classico, come quello della doppia fenditura, prima della misura non si può dire se l'elettrone passa da una fenditura o dall'altra. Esiste, piuttosto, in una sovrapposizione di possibilità. Solo l'atto della misura "collassa" questa sovrapposizione in un risultato definitivo.

In una versione moderna dell'esperimento, predisponete una barriera con due fenditure. Sul retro della barriera collocate una pellicola fotografica, impressionabile dalla luce.

Ora, , "sparate" un fotone di luce verso la barriera. Noterete che quell'unico fotone (ne avete "sparato" solo uno) attraversa tutte e due le fenditure, lasciando una figura di interferenza sulla pellicola fotografica. Cioè, il fotone, all'uscita delle fenditure, ha interferito con sé stesso generando, appunto, un segnale di interferenza, cioè una somma dei segnali dei due passaggi.

Il mistero di infittisce se decidete di monitorare il passaggio del fotone collocando un rilevatore dietro una delle due fenditure. A quel punto, sorprendentemente, il fotone attraversa solo la fenditura monitorata. Lo potete verificare constatando che il fotone non lascia segnali di interferenza, ma incide un "punto" sulla pellicola dietro la fenditura attraversata.

Quindi, in presenza del rilevatore il fotone ha "deciso" di comportarsi diversamente? Assolutamente no. In realtà la decisione appartiene allo sperimentatore. È stato lo sperimentare che, decidendo di collocare il rilevatore, ha "deciso" come il fotone si dovesse comportare.

Quindi, lo sperimentatore, detto "osservatore", con la sua osservazione ha ottenuto il "collasso" del fotone. Uscendo da uno stato sovrapposto di più situazioni indefinite - rappresentate dall'incertezza dell'onda di interferenza - il fotone si stabilizza in una situazione unica e definita. Grazie all'osservazione, il fotone passa dallo stato di onda a quello di particella.

In altre parole, l'universo subatomico si manifesta soltanto quando viene interrogato. Prima di allora, esiste in uno stato indefinito carico di potenzialità.

L'interpretazione di Copenaghen: il contesto storico.

Questa visione viene formalizzata negli anni '20 dal gruppo di scienziati danesi e tedeschi raccolti intorno al fisico danese Niels Bohr. La chiamarono "Interpretazione di Copenaghen". La metafisica implicita in questa teoria, però, creò un problema filosofico. Era davvero possibile accettare che la realtà fisica, a livello quantistico, dipendesse dall'atto della osservazione?

Erwin Schrödinger, austriaco di nascita e figura centrale dello sviluppo della fisica quantistica, era profondamente scettico. Il suo dissenso rifletteva una tensione filosofica che diventava sempre più evidente. Sembrava che la fisica quantistica relegasse la natura a uno stato di indefinitezza fino all'intervento di un osservatore. Schrödinger trovava questa conclusione profondamente inadeguata. Lui stesso disse, nel 1935:

> *"Non mi piace questo salto improvviso da una descrizione alternativa sovrapposta ad una realtà definita. Sembra più filosofia che fisica."*

Queste parole testimoniano la sua insoddisfazione. Nella sua mente questa visione minava il fondamento stesso del realismo scientifico.

L'impasse della misura.

A complicare ulteriormente la questione, nei primi anni '30 il principio di indeterminazione di Heisenberg aveva già suggerito che non possiamo conoscere contemporaneamente con precisione alcune proprietà delle particelle, come posizione e velocità. Questo, tuttavia, non riguardava solo il limite della tecnologia umana. Era una questione fondamentale di natura. La sovrapposizione, concetto introdotto formalmente da Schrödinger nella sua equazione d'onda, sembrava sancire che, di fatto, l'universo stesso operava così.

Il problema che tanto interessava Schrödinger era evidente: ciò che descriveva la fisica quantistica non corrispondeva a un universo oggettivo, ma a una strana forma di indeterminazione che operava dietro le quinte. Il famoso esperimento del gatto nasce proprio per sottolineare l'illogicità di questa interpretazione spinta all'estremo.

Schrödinger propose il suo esperimento mentale in una lettera del 1935 indirizzata ad Albert Einstein. Disse di voler dimostrare con un esempio concreto quanto fosse assurda la sovrapposizione applicata a oggetti macroscopici. Il problema, secondo Schrödinger, è che estendere il concetto dal livello subatomico a quello macroscopico generava paradossi irrisolvibili.

Ecco perché Schrödinger immagina un gatto chiuso in una scatola insieme a un dispositivo con un meccanismo quantistico. Un atomo instabile potrebbe decadere o non decadere, e se decade provoca l'apertura di una fiala di veleno, uccidendo il gatto. Finché la scatola non viene aperta, il gatto è contemporaneamente vivo e morto: una sovrapposizione di stati.

Può sembrare una semplice provocazione, ma il paradosso puntava il dito contro uno dei nodi della teoria: l'interazione tra il microscopico e il macroscopico. Era davvero possibile accettare che la sorte fisica di un gatto dipendesse dal nostro atto di osservazione?

Heisenberg, Bohr e il realismo "debole".

Heisenberg e Bohr difendevano l'idea che queste incertezze fossero la natura stessa della realtà. Bohr interpretava il problema in modo pragmatico. Sosteneva che non possiamo concepire un universo indipendente dai nostri strumenti di misura e dal nostro linguaggio concettuale. Bohr, nel 1927, affermò che:

> *"La fisica non ci dice cos'è la realtà, ma ciò che possiamo capire sulla realtà"*.

In questo senso, non era importante se il gatto fosse vivo o morto prima della misura. Importava solo il risultato osservabile. Ma per Schrödinger, e per molti altri, questa visione rappresentava un'ammissione di sconfitta sul fronte dell'obiettività scientifica.

La reazione di Einstein al paradosso fu di aperta complicità con Schrödinger. Anche lui era profondamente contrario all'aspetto probabilistico della fisica quantistica. Il celebre motto di Einstein, *"Dio non gioca a dadi con l'universo"*, ben riassume la sua critica a un mondo descritto in termini di pura probabilità.

Il paradosso del gatto, sebbene nato come provocazione, è oggi un simbolo e uno strumento pedagogico. È un ponte tra la fisica quantistica e le grandi domande della filosofia: cos'è la realtà? Possiamo conoscerla senza filtrarla attraverso le nostre misure? Schrödinger non fornì risposte definitive, ma il suo esperimento mentale resta una sfida aperta.

La fisica quantistica, con la sua indeterminatezza, ci invita a riflettere sui limiti della conoscenza. Come disse Richard Feynman, decenni dopo:

> *"Se pensi di aver capito la fisica quantistica, allora non l'hai capita davvero"*.

Forse, il Gatto di Schrödinger, intrappolato tra vita e morte, veglia ancora sui confini dell'ignoto.

La "funzione d'onda".

Nell'universo bizzarro della fisica quantistica, la realtà smette di essere stabile e osservabile in modo diretto. Uno dei concetti più enigmatici è quello della "funzione d'onda". Questo oggetto matematico, introdotto dallo scienziato austriaco Erwin Schrödinger nel 1926, descrive lo stato quantistico di una particella o di un sistema. Non rappresenta un oggetto fisico in sé, ma una sorta di "ombrello probabilistico" che copre tutte le possibili configurazioni di una realtà ancora indefinita.

Immaginate un granello di polvere sospeso nell'aria. La fisica classica può descrivere con precisione la sua posizione e velocità in qualunque momento. La fisica quantistica, invece, disegna solo una mappa di probabilità: il granello di polvere potrebbe trovarsi qui, lì, o da qualche parte in mezzo.

Questa mappa probabilistica è la funzione d'onda. Il matematico danese Niels Bohr, figura centrale nella "Interpretazione di Copenaghen", sosteneva che questo strano oggetto non rappresenta la realtà fisica, ma piuttosto la nostra conoscenza della realtà.

Nel famoso esperimento mentale del gatto di Schrödinger, la funzione d'onda entra in gioco con un paradosso che confonde scienza e filosofia. Il gatto, chiuso in una scatola, esiste in uno stato di "sovrapposizione": è sia vivo che morto, secondo la funzione d'onda, finché non si apre la scatola. L'osservatore, in quel momento, determina la realtà, facendo "collassare" la funzione d'onda su uno dei due stati possibili. Ma cosa significa davvero questo "collasso"?

Albert Einstein, critico feroce della visione di Bohr e Schrödinger, si opponeva all'idea che l'universo dipendesse dall'osservazione. Una volta Einstein chiese sarcasticamente a Bohr:

"Credi davvero che la Luna non esiste se nessuno la guarda?"

Per Einstein, l'universo doveva esistere indipendentemente dalla mente umana.

L'impasse della misura è questo: può l'atto di osservare cambiare la realtà stessa? La funzione d'onda sembra suggerire di sì. Quando un sistema quantistico viene osservato o misurato, le infinite possibilità previste dalla funzione d'onda collassano in un'unica realtà. Ma che cos'è, realmente, questo "collasso"? È un fenomeno fisico? È una metafora di ciò che non conosciamo ancora? Gli scienziati, a oggi, non hanno una risposta definitiva.

Un'osmosi tra scienza e cultura.

Il termine "funzione d'onda" può sembrare astratto, ma il suo significato si riflette ovunque, dall'arte alla filosofia. Nel XX secolo, la letteratura si fece interprete di questo indeterminismo. Jorge Luis Borges, nel suo racconto *"Il giardino dei sentieri che si biforcano"* (1941), esplora l'idea di realtà parallele che convivono fino a quando una scelta – o un'osservazione – le separa. Il filosofo francese Gilles Deleuze, nei suoi studi sul tempo, ha intravisto nella funzione d'onda una metafora dell'esistenza umana: possibilità infinite che si restringono in un singolo *"qui e ora"*.

Persino il cinema si è appropriato di questa visione quantistica di realtà. Film come *"Ritorno al Futuro"* (1985) o *"Inception"* (2010) rielaborano l'idea di mondi multipli e stati sovrapposti che collassano sotto lo sguardo di un osservatore o una scelta.

La funzione d'onda non è solo una formula matematica. È una finestra sulla fragilità della realtà stessa. Schrödinger la usò per spiegare fenomeni che sembravano impossibili, come una particella che passa attraverso due luoghi contemporaneamente. Tuttavia, guardò con scetticismo l'implicazione più profonda del suo stesso modello. Il gatto nella scatola non era solo un problema di fisica. Era un grido di protesta contro un universo che sembrava irrimediabilmente legato al potere dell'osservatore. Schrödinger ammise:

"Non sono né bravo né interessato abbastanza alla filosofia."

Tuttavia, il suo pensiero è entrato nei dilemmi più profondi della metafisica. La funzione d'onda sfida l'idea che esista una realtà indipendente, oggettiva. Ci obbliga a confrontarci con l'idea che osservare significhi creare.

In conclusione, la funzione d'onda ci costringe a un viaggio tra fisica e filosofia, ai confini stessi della conoscenza. Da un lato, è uno strumento scientifico potente, che permette previsioni accurate su fenomeni microscopici. Dall'altro, è un grimaldello metaforico che strappa il velo di un universo illusoriamente stabile.

Il gatto di Schrödinger, ancora oggi, ci guarda – vivo e morto – dai margini di una scatola che non possiamo aprire del tutto.

Capitolo II. Perché nasce il paradosso?

"Quando senti parlare del gatto di Schrödinger, qualcuno sta cercando di spiegare la meccanica quantistica usando una metafora... ma è probabile che finisca per confonderti ancora di più."
(Stephen Hawking).

Le intenzioni di Schrödinger e il contesto scientifico dell'epoca.

Nel 1935, Erwin Schrödinger immaginò uno scenario famoso destinato a entrare nella storia della fisica e della filosofia: il "gatto di Schrödinger". Questo esperimento mentale non fu ideato per semplificare o chiarire la meccanica quantistica al pubblico. Al contrario, Schrödinger voleva evidenziarne una debolezza, una tensione che lo lasciava insoddisfatto sul piano concettuale.

Nella Vienna degli anni '30, la fisica era in fermento. Il dibattito su cosa significasse realmente la meccanica quantistica divideva i giganti della scienza. Schrödinger, formatosi nella tradizione di pensatori come Boltzmann e Planck, era uno scienziato-filosofo, appassionato tanto di matematica quanto di metafisica. Fu proprio questo suo approccio a spingerlo a dubitare della cosiddetta "interpretazione di Copenaghen", sostenuta da Niels Bohr e Werner Heisenberg.

L'interpretazione di Copenaghen, proposta negli anni '20, suggeriva che un sistema quantistico esistesse in uno stato di "sovrapposizione" fino a che non fosse osservato. A quel punto, la misurazione "collassava" la funzione d'onda, portando il sistema in uno stato definito. Albert Einstein, trovava inaccettabile questa descrizione che sembrava dipendere dall'intervento di un osservatore.

Schrödinger condivise questo scetticismo. Per lui, applicare la sovrapposizione agli oggetti macroscopici, come un gatto vivo e morto allo stesso tempo, non era solo assurdo, ma metteva in evidenza un paradosso profondo. In una lettera del 1935 ad Albert Einstein, Schrödinger scrisse chiaramente:

"Se prendiamo sul serio la meccanica quantistica così com'è, dobbiamo accettare che il gatto sia contemporaneamente vivo e morto... almeno fino a quando non apriamo la scatola. Davvero vogliamo accettare tutto questo?"

Il paradosso evidenziava l'assurdità di traslare i principi quantistici, validi per particelle subatomiche, a oggetti del mondo tangibile. In fisica quantistica, descrivere una particella come simultaneamente onda e particella era già qualcosa difficile da accettare. Trasformare un gatto in un'entità simultaneamente viva e morta, però, era un passo troppo audace per Schrödinger. E fu proprio qui che il paradosso iniziò a svolgere un ruolo filosofico e critico: mettere a nudo i limiti della nuova fisica.

Per comprendere questo scetticismo è utile considerare il contesto. Schrödinger era un romantico della scienza, influenzato dalla filosofia greca e dal pensiero di grandi menti come Arthur Schopenhauer. La sua visione della realtà era radicata in un'idea di armonia e continuità, lontana dalla logica discreta e probabilistica imposta dal formalismo quantistico. Non sorprende che trovasse alienante la proposta di una realtà che esiste solo nel momento in cui viene osservata.

Inoltre, il paradosso del gatto non esisteva in un vuoto culturale. All'epoca, il mondo scientifico assisteva al confronto acceso tra le due grandi scuole di pensiero: quella di Copenaghen, dominata da Bohr, e la visione alternativa rappresentata da Einstein e Schrödinger stesso. Bohr, dal canto suo, accettò con entusiasmo la proposta di Schrödinger, ma non come critica: al contrario, la interpretava come una conferma elegante della visione che egli sosteneva. Bohr ribadiva che il gatto morto e vivo era un'inevitabile conseguenza della natura probabilistica della realtà.

Schrödinger, però, non intendeva difendere questo argomento. Anzi, il senso stesso del paradosso era di sottolineare le zone d'ombra di una teoria che aveva portato a successi straordinari sul piano sperimentale, ma sollevava interrogativi sul piano metafisico. Come si poteva accettare che la realtà fosse intrinsecamente indefinita fino all'intervento di un osservatore? E soprattutto, che senso aveva una teoria incapace di darci una descrizione precisa del mondo quotidiano?

Il modo in cui Schrödinger affrontò il paradosso ricorda quasi un'arte ironica. La sua intenzione non era distruggerla la teoria quantistica – che aveva egli stesso contribuito a fondare con l'equazione dell'onda nel 1926 – ma mettere in evidenza la necessità di un'interpretazione più completa. Non stupisce che Einstein apprezzasse questa prospettiva. Entrambi condividevano una metafisica fondamentalmente deterministica, per cui la "sovrapposizione" sembrava più un artificio matematico che una descrizione reale.

La provocazione di Schrödinger, quindi, non si limitava al piano scientifico. Essa toccava le basi stesse della nostra visione del reale, ponendo una domanda che ancora oggi riecheggia: esiste una realtà oggettiva indipendente dall'osservazione, oppure la misurazione è il solo modo per darle senso? E se la risposta è la seconda, allora quale ruolo giochiamo come osservatori, semplici abitanti di un universo "probabilistico"?

Il paradosso del gatto, tanto ironico quanto inquietante, nacque per scuotere la meccanica quantistica da quello che Schrödinger percepiva come un eccessivo pragmatismo. Ma come spesso accade nelle grandi idee, ebbe un effetto imprevisto. Da critica, divenne una delle più straordinarie rappresentazioni della fisica moderna e delle sue implicazioni filosofiche.

- La critica di Schrödinger.

Nel 1935 Erwin Schrödinger, celebre fisico austriaco, propose l'esperimento mentale del "Gatto di Schrödinger". Questo provocatorio paradosso non fu concepito per spiegare la meccanica quantistica, bensì per criticarne i suoi aspetti più controversi. Era un periodo di grandi fermenti scientifici, ma anche di profonde dispute filosofiche. La meccanica quantistica, scoperta e sviluppata nei primi decenni del Novecento, cominciava a rivelare le sue incredibili potenzialità, ma lasciava dietro di sé un fitto alone di mistero e domande senza risposta.

L'idea del paradosso nacque in un clima scientifico assai teso. Da una parte, c'era il gruppo di fisici che sosteneva la cosiddetta interpretazione di Copenaghen, capeggiati da Niels Bohr e Werner Heisenberg. Questa interpretazione suggeriva che la realtà quantistica fosse intrinsecamente probabilistica e che un sistema quantistico potesse trovarsi in sovrapposizione di stati fino a quando un osservatore non intervenisse a misurarlo. Per Bohr, la realtà microscopica era legata indissolubilmente al processo di osservazione stessa: prima che ciò avvenga, non ha senso parlare di valori definiti.

Dall'altra parte c'erano i critici, tra cui spiccavano Schrödinger ed Albert Einstein. Per Einstein, l'idea che la realtà fosse determinata dall'osservatore era inaccettabile. La fisica, insisteva, doveva descrivere un mondo oggettivo e indipendente dai nostri apparecchi di misura. Schrödinger condivideva queste perplessità e scelse di rendere evidente il problema concettuale spingendo al limite la logica di superposizione quantistica.

L'esperimento mentale del gatto, che Schrödinger presentò in una lettera indirizzata allo stesso Einstein, nasce come una sorta di sfida intellettuale. Immaginiamo, suggerì Schrödinger, un sistema quantistico accoppiato a un oggetto macroscopico: un gatto. Sigillato in una scatola c'è un gatto vivo, ma la sua sorte è legata a un evento quantistico: il decadimento di un atomo radioattivo. Se l'atomo decade, un meccanismo rilascia un gas mortale che uccide il gatto. Secondo l'interpretazione di Copenaghen, prima di aprire la scatola il gatto esiste in una sovrapposizione di stati: vivo e morto contemporaneamente.

Qui si cela la critica implicita di Schrödinger: considerare un oggetto macroscopico come un gatto in uno stato di sovrapposizione appare assurdo e paradossale. Schrödinger voleva dimostrare che i principi della meccanica quantistica, applicati indiscriminatamente al mondo macroscopico, portano a conclusioni difficili da accettare. Non era un attacco alla meccanica quantistica in sé, bensì un invito al ripensamento. Schrödinger si chiedeva:

> *"Se prendiamo sul serio le tesi di Bohr, siamo pronti a concepire un gatto che è simultaneamente vivo e morto?"*

Fisica e filosofia: il dialogo tra due mondi.

Il paradosso del gatto di Schrödinger non fu solo una provocazione scientifica, ma anche una profonda discussione filosofica. A quel tempo, la meccanica quantistica si trovava in bilico tra essere una teoria utile ma incompleta o una descrizione definitiva della realtà. Schrödinger ed Einstein appartenevano a una corrente di pensiero più "realista", convinti che il compito della fisica fosse quello di scoprire le leggi profonde di un universo governato da principi deterministici, come quelli descritti dalla fisica classica di Newton.

D'altro canto, Bohr rappresentava una visione più pragmatica: per lui, le leggi della fisica quantistica erano una descrizione efficace dei fenomeni naturali. Secondo Bohr, questioni metafisiche come *"che cosa è reale?"* non erano pertinenti alle scienze empiriche.

Questa tensione tra realismo e pragmatismo è ciò che rese il dibattito così acceso. Schrödinger, con il suo gatto, voleva mettere in discussione le implicazioni filosofiche dell'interpretazione di Copenaghen, facendo emergere i limiti di una teoria che, secondo lui, non poteva essere completa.

Il paradosso del gatto di Schrödinger resta uno dei più celebri esempi di come la scienza e la filosofia si incontrino ai confini della conoscenza. A quasi un secolo dalla sua formulazione, la domanda posta da Schrödinger rimane aperta: il mondo quantistico funziona davvero come lo descrive l'interpretazione di Copenaghen? Oppure esiste una descrizione più profonda, che ancora ci sfugge?

Schrödinger, con il suo esperimento mentale, non voleva distruggere la meccanica quantistica. Al contrario, ne riconosceva il valore e le conquiste. Tuttavia, il fisico austriaco ci ha insegnato che ogni teoria deve essere messa alla prova, anche spingendola al limite dell'assurdo. Solo così, ci ricordava, la scienza può progredire.

- Momenti emblematici di dialogo (o scontro).

Erwin Schrödinger, fisico austriaco dalla mente brillante e spirito anticonformista, si trovò presto in disaccordo con l'interpretazione che si stava affermando negli anni '30, la cosiddetta interpretazione di Copenaghen. Guidata da Niels Bohr e Werner Heisenberg, tale visione sosteneva che gli oggetti quantistici esistono in una sorta di stato di sovrapposizione fino a che non vengono osservati. Per Schrödinger, questa lettura della meccanica quantistica era una minaccia alla comprensione razionale e concreta della realtà.

In una lettera ad Albert Einstein del 1935, Schrödinger scrive:

> *"Sembrano esserci casi in cui ciò che accade realmente nel mondo dipende dal fatto che io alzi o meno il telefono per informarmi."*

Quella sovrapposizione, così distante dal senso comune, portava i fisici al paradosso che avrebbe reso famoso il suo nome: il gatto, vivo e morto allo stesso tempo. Ma Schrödinger non voleva diventare il portavoce di un concetto bizzarro. Con il Gatto di Schrödinger, lui intendeva sottolineare alcune incongruenze e criticare l'interpretazione predominante, non certo promuoverla.

Schrödinger non era solo nella sua battaglia. Il suo alleato più importante era Albert Einstein. Entrambi condivisero una forte opposizione all'interpretazione di Copenaghen. Se Bohr e Heisenberg rappresentavano l'entusiasmo per l'incertezza quantistica, Schrödinger ed Einstein incarnavano una difesa dell'ordine sottostante della natura, fedele a un determinismo che sembrava scivolare via.

Einstein, non riusciva ad accettare l'idea di un mondo governato dalla probabilità e dall'indeterminatezza. Fu durante il celebre Congresso Solvay del 1927, a Bruxelles, che l'incontro-scontro tra queste due visioni dell'universo raggiunse il suo apice. Einstein mostrava esempi per confutare la meccanica quantistica. Bohr rispondeva con argomentazioni ancora più raffinate. Schrödinger, all'epoca, osservava da vicino ma, pur non prendendo allora una posizione forte, inizierà pochi anni dopo a sviluppare il suo pensiero critico.

Uno degli episodi più rappresentativi tra Schrödinger e il suo "avversario" Niels Bohr avvenne nel 1935. Scrivendo una critica al Gatto di Schrödinger, Bohr difese l'idea che la fisica quantistica non fosse un modo per descrivere la realtà in sé, ma piuttosto le nostre conoscenze su di essa. Schrödinger trovava questa posizione insoddisfacente. Voleva risposte che andassero più in profondità, rispettando i principi classici della logica e del realismo.

In questa disputa scientifica si riflette anche lo spirito culturale europeo dell'epoca. Da un lato, Bohr e i suoi colleghi danesi vivevano l'incertezza quantistica come un'opportunità di apertura filosofica. Si ricollegavano al pragmatismo e al concetto di complementarità.

Dall'altro lato, le radici austriache e tedesche di Schrödinger ed Einstein erano legate alla ricerca di una comprensione razionale dell'universo, una visione influenzata dalla tradizione classica della filosofia e dalla logica di pensatori come Kant. Non meraviglia dunque che i due campi ideologici si trovassero spesso in rotta di collisione.

Un aneddoto interessante riguarda un commento poco noto di Schrödinger riguardo a Bohr. Dopo un convegno particolarmente acceso, Schrödinger confessò a un collega di aver avuto difficoltà a seguire la logica di Bohr.

"Parlare con lui è come cercare di catturare il fumo con le mani,"

Così disse Schrödinger, sintetizzando l'approccio sfuggente e complesso del fisico danese. Bohr, da parte sua, considerava Schrödinger troppo "conservatore" e legato a un mondo che la meccanica quantistica stava superando.

Il paradosso del Gatto di Schrödinger nasce da uno scontro intellettuale profondo e appassionante, quasi il simbolo di due filosofie della scienza in contrasto. Da una parte, l'audacia di infrangere i confini del senso comune per scoprire l'inatteso. Dall'altra, la convinzione che la scienza debba rimanere ancorata a un terreno razionale e osservabile. Schrödinger, con il suo gatto, ha lasciato ai posteri non solo un quesito scientifico, ma anche una provocazione filosofica che ancora oggi ci invita a riflettere sui limiti della conoscenza e sul significato della realtà.

Lo stato della ricerca scientifica negli anni '30.

Negli anni '30, la scienza vive un'epoca di straordinaria trasformazione. La fisica classica, che aveva dominato il pensiero scientifico per secoli, deve cedere il passo a una nuova visione del mondo: la meccanica quantistica. Le sue implicazioni non sono semplicemente tecniche, ma profondamente filosofiche. È proprio in questo contesto, ricco di scoperte rivoluzionarie e di accesi dibattiti, che Erwin Schrödinger propone il celebre paradosso del gatto, un'idea nata da profonde riflessioni sul senso ultimo della realtà e dell'osservazione.

Nei primi decenni del Novecento, la comunità scientifica è attraversata da un fermento senza precedenti. Ad aprire la strada è Max Planck, che nel 1900 introduce il concetto di quanto, sconvolgendo le concezioni classiche di energia. Negli anni successivi, Albert Einstein propone la teoria della relatività, mettendo in discussione idee consolidate su spazio e tempo. Ma è la meccanica quantistica – sviluppata negli anni '20 e '30 – a scuotere le fondamenta stesse della fisica.

A questo periodo si associano nomi che oggi fanno parte del pantheon della scienza: Werner Heisenberg, Niels Bohr, Paul Dirac, oltre ovviamente a Schrödinger. In particolare, Bohr e Heisenberg sviluppano l'interpretazione di Copenhagen, che diventa il principale quadro teorico per comprendere la meccanica quantistica. Questa visione attribuisce un ruolo centrale all'osservazione: un sistema quantistico, sostengono, non possiede proprietà definite finché non viene "misurato". È una concezione radicale, che sotto molti aspetti sfida l'intuizione e il senso comune.

Schrödinger, dal canto suo, è affascinato ma al contempo inquieto di fronte alle implicazioni filosofiche della nuova fisica. La meccanica classica – il retaggio di Newton – era basata su un mondo ordinato, prevedibile. La meccanica quantistica, invece, introduce il concetto di probabilità come elemento fondamentale. Heisenberg formula il principio di indeterminazione nel 1927. Secondo questo principio non è possibile conoscere con precisione sia la posizione sia la velocità di una particella. L'universo sembra smettere di essere una macchina e si trasforma in qualcosa di più sfuggente, quasi misterioso.

Nel 1935, Schrödinger propone il famoso paradosso del gatto come una provocazione Il fisico austriaco vuole sottolineare l'apparente assurdità delle implicazioni della teoria.

Gli anni '30 non sono solo il periodo di Schrödinger, ma anche quello di Einstein. L'autore della teoria della relatività, infatti, condivide alcune delle preoccupazioni del collega. Nel 1935, lo stesso anno in cui Schrödinger espone il suo paradosso, Einstein, insieme ai colleghi Podolsky e Rosen, pubblica un altro celebre lavoro, noto come il paradosso EPR. Questo articolo mette in dubbio l'interpretazione di Copenhagen e accusa la meccanica quantistica di essere incompleta.

I dibattiti fra Bohr ed Einstein diventano epici. Durante convegni e conferenze, i due giganti della scienza si sfidano con argomenti e contro argomenti. Bohr difende la centralità dell'osservazione e il ruolo della probabilità. Einstein, al contrario, cerca di preservare l'idea di una realtà oggettiva che esista indipendentemente dall'osservatore.

Questi dibattiti non rimangono confinati al mondo scientifico. Negli anni '30, la cultura europea è in fermento, tra l'ottimismo per il progresso tecnologico e le ombre della crisi economica e politica. La filosofia risente di questa tensione: pensatori come Martin Heidegger e Bertrand Russell riflettono sulle implicazioni delle scoperte scientifiche per la comprensione della realtà.

In Germania, il circolo di Vienna, composto da scienziati e filosofi come Kurt Gödel e Ludwig Wittgenstein, contribuisce a connettere la scienza con il pensiero logico e metafisico. Schrödinger stesso, con il suo interesse per la filosofia indiana e per le grandi domande sull'essenza della vita, rappresenta un trait d'union tra campi diversi del sapere.

Il paradosso del gatto di Schrödinger nasce in un'epoca di straordinaria vivacità intellettuale. La scienza, infrangendo vecchi confini, si intreccia con la filosofia e ridefinisce i confini del pensabile. Schrödinger, con il suo provocatorio pensiero, ci invita ancora oggi a riflettere su cosa significhi osservare, misurare, esistere. Il gatto nella scatola non è solo un'idea scientifica: è una finestra aperta sui misteri fondamentali della realtà.

Approfondimenti e collegamenti storici..

Era il 1900, e Planck, fisico tedesco presso l'Università di Berlino, cercava di risolvere un problema apparentemente tecnico: spiegare il "corpo nero", un oggetto teorico che assorbe e riemette tutta la radiazione elettromagnetica a cui è esposto. Per farlo, Planck propose qualcosa di rivoluzionario: l'energia non era continua, come si era sempre pensato, ma veniva emessa in pacchetti discreti chiamati "quanti". Questo fu l'inizio di una rivoluzione intellettuale che avrebbe scardinato l'idea di un universo perfettamente prevedibile e deterministico, ereditata dalla fisica classica. Come Planck scrisse più tardi:

"Avevo introdotto un concetto puramente ipotetico, ma stava diventando reale".

La sua scoperta, inizialmente considerata una sorta di escamotage teorico, avrebbe avuto implicazioni immense nel decennio successivo. Tra chi comprese subito la portata del lavoro di Planck ci fu Albert Einstein, che nel 1905 usò l'idea dei quanti per spiegare l'effetto fotoelettrico, dimostrando che la luce stessa era composta di particelle, i fotoni. Fu questo lavoro di Einstein, più che la relatività, a valergli il Nobel nel 1921.

Negli anni Venti, il danese Niels Bohr prese il testimone e portò la fisica quantistica su un nuovo piano. Bohr era un personaggio affascinante. Nato a Copenaghen, era non solo uno scienziato di spicco, ma anche un profondo pensatore filosofico. Creò il primo modello atomico coerente, l'atomo di Bohr, e divenne il principale architetto dell'interpretazione allora predominante della meccanica quantistica: l'interpretazione di Copenaghen.

Questa visione presentava un universo dove le leggi della fisica non erano più assolute. Invece, erano probabilistiche. L'idea era disarmante: le particelle, come gli elettroni, non avevano posizioni o velocità definite fino a quando non venivano osservate. Prima dell'osservazione, esistevano in uno stato intermedio descritto da una funzione d'onda, un misto di probabilità dei vari esiti possibili. Come osservò lo stesso Bohr:

"Nella fisica quantistica non si può più parlare della realtà in termini assoluti. È necessario un osservatore".

La centralità dell'osservazione aprì una frattura con il determinismo classico di Newton. Nel mondo classico, l'universo funzionava come un orologio: se conosciamo lo stato attuale di un sistema, possiamo prevederne con certezza il futuro. Il mondo quantistico, al contrario, ci dice soltanto cosa potrebbe accadere, con una certa probabilità.

La divisione tra deterministi e probabilisti fu uno dei dibattiti filosofici più accesi della scienza. Einstein, che cercava conforto nella sicurezza delle leggi della natura, non poteva accettare l'idea di un universo governato dal caso. Al contrario, Bohr sosteneva che la probabilità non era un errore della nostra comprensione, ma una caratteristica intrinseca della realtà.

Gli anni '30 furono un periodo di incredibile vitalità scientifica, con una comunità internazionale di fisici che attraversava confini e lingue. Luoghi come l'Istituto di Fisica Teorica di Copenaghen, diretto da Bohr, divennero centri di discussione e fermento. Qui, fisici come Werner Heisenberg, Eugen Wigner e Wolfgang Pauli si confrontavano quotidianamente, tra scienza e filosofia.

L'Europa era il cuore pulsante della nuova fisica, ma la crescente tensione politica del periodo, con l'avvento del nazismo, avrebbe rapidamente disperso molti scienziati verso gli Stati Uniti. Tra questi, Einstein, che nel 1933 lasciò la Germania per stabilirsi a Princeton.

Il paradosso di Schrödinger come svolta concettuale.

Fu l'incessante dialogo tra questi scienziati a portare, nel 1935, alla nascita del famoso paradosso di Schrödinger. L'austriaco Erwin Schrödinger, che aveva sviluppato un'equazione fondamentale per descrivere la funzione d'onda, creò il suo celebre esperimento mentale come una critica ai paradossi insiti nell'interpretazione di Bohr. Il gatto chiuso nella scatola, vivo e morto allo stesso tempo, mostrava le contraddizioni di una realtà probabilistica quando osservata su scala macroscopica.

Il paradosso del gatto segnò il culmine di decenni di cambiamenti scientifici e filosofici. Negli anni '30, il conflitto tra determinismo e probabilità era ormai centrale in ogni discussione. Era chiaro che la fisica non riguardava più solo equazioni, ma anche il significato profondo della realtà. Questo nuovo modo di pensare aprì frontiere verso cui la fisica classica non si sarebbe mai spinta, spingendo l'umanità a ripensare il proprio posto nell'universo.

Capitolo III. La metafisica applicata alla fisica quantistica.

"Se pensi di capire il gatto di Schrödinger, non hai capito nulla della meccanica quantistica. Ma questo non vuol dire che il paradosso non sia affascinante!"
(Richard P. Feynman).

Cosa si intende per metafisica nella scienza?

La metafisica è il cuore invisibile che batte dietro le quinte della scienza. La parola stessa, che deriva dal greco antico "*metà tà physikà*" (oltre le cose fisiche), allude alla riflessione sui principi fondamentali della realtà. Non si occupa di misurare o calcolare, ma di cercare risposte alle grandi domande ontologiche: Che cosa esiste davvero? Qual è la natura dell'essere? Che cosa significa realtà? Quando questa dimensione filosofica incontra il linguaggio della fisica quantistica, come nel famoso paradosso del gatto di Schrödinger, i due mondi si intrecciano in modi profondi e misteriosi.

La fisica studia il mondo osservabile. Si basa sulle leggi che regolano le interazioni tra energia e materia. È una scienza che richiede dati, esperimenti e verifiche. La metafisica, invece, si avventura in territori più astratti. Interroga il "perché" dietro al "come". Perché esiste l'universo? Che cos'è il tempo?

Nel contesto del gatto di Schrödinger, questa separazione diventa sottile. A livello fisico, il paradosso rappresenta il concetto di sovrapposizione quantistica. Il gatto, chiuso nella scatola, si trova in uno stato simultaneo di vita e morte finché un osservatore non verifica. Qui entra la metafisica. La prima domanda è questa: ma che cosa si intende per esistenza se qualcosa può essere contemporaneamente vivo e morto? La scienza descrive il fenomeno, la metafisica cerca di comprenderne il significato ultimo.

La sovrapposizione e il problema dell'essere.

Dietro al paradosso, Erwin Schrödinger voleva sollevare una critica alle interpretazioni della meccanica quantistica degli anni '30. Un aneddoto interessante racconta che Schrödinger, scienziato e amante della filosofia, amava discutere le sue idee camminando nei boschi vicino a Zurigo con colleghi e amici. Sottolineava che il principio di sovrapposizione apriva una porta sull'assurdo: Come possiamo concepire la realtà se dipende così fortemente dall'osservatore?

Questa domanda ci porta nel campo della metafisica. Il filosofo tedesco Martin Heidegger (1889-1976), contemporaneo di Schrödinger, si interrogava sul problema dell'"essere" in un universo in cui la certezza sembrava svanire. Heidegger non studiava i "quanti", ma i suoi pensieri sull'instabilità del "fondamento" della realtà si allineano curiosamente con le incertezze sollevate dalla fisica quantistica.

Dove si incontrano fisica e metafisica?

Il paradosso del gatto di Schrödinger è l'arena perfetta dove queste due discipline si affrontano. La fisica descrive sistemi complessi attraverso equazioni come quella del "wave function". Ma la metafisica aggiunge un livello ulteriore. Si domanda che cosa significhino realmente concetti come "osservazione", "misura", "esistenza".

La metafisica aiuta la scienza a non perdere di vista le domande fondamentali. Attraverso l'esempio del gatto di Schrödinger, si vede come la fisica possa spiegare *"come funziona"* l'universo, mentre la metafisica si chiede *"perché funziona in questo modo"*. Erwin Schrödinger, camminando tra i boschi e riflettendo sull'essere, ci ha lasciato non solo un paradosso scientifico, ma una porta aperta su un dialogo senza fine tra scienza e filosofia.

Martin Heidegger e il fondamento instabile della realtà

La fisica quantistica e la filosofia esistenziale sembrano, a prima vista, mondi lontani. La prima è un'impresa scientifica che studia particelle infinitamente piccole; la seconda, un'indagine intellettuale sull'essere e sulla realtà. Eppure, il pensiero di Martin Heidegger, uno dei filosofi più complessi e influenti del XX secolo, offre spunti di riflessione sorprendenti quando viene accostato ai dilemmi della meccanica quantistica.

Heidegger non si occupò mai direttamente di fisica o dei "quanti". Tuttavia, i suoi studi sull'instabilità del "fondamento" della realtà si allineano, in modo inatteso, con i dubbi sollevati dall'interpretazione della fisica moderna. Le sue riflessioni sull'essere interrogano la stessa certezza di ciò che chiamiamo "realtà", un tema che trova stranamente eco nelle domande poste dall'esperimento mentale del Gatto di Schrödinger.

Martin Heidegger (1889-1976) si pose, tra le tante questioni, quella che definì "la domanda fondamentale della metafisica: *perché c'è qualcosa, piuttosto che il nulla?* Al centro della sua filosofia c'è l'instabilità dell'essere, una realtà che non è mai pienamente affidabile né stabile, ma che si manifesta attraverso una rete costante di relazioni e interpretazioni. La sua opera principale, *"Essere e Tempo"* (1927), esamina la precarietà della struttura dell'esistenza umana e, più in generale, delle fondamenta dell'essere.

Questo concetto si avvicina sorprendentemente alle idee di indeterminazione emerse dalla fisica quantistica nello stesso periodo. L'indeterminatezza introdotta dal principio di Heisenberg (1927) e il concetto di sovrapposizione degli stati, illustrato dall'esperimento mentale del Gatto di Schrödinger (1935), sembrano rispecchiare l'idea heideggeriana di un fondamento mai completamente solido.

Heidegger rifiutava l'idea che l'essere potesse essere ridotto a dati stabili o a misurazioni meccaniche, sottolineando invece la sua natura dinamica e sfuggente. Una simile intuizione appare oggi perfettamente coerente con quanto la fisica quantistica ci dice sul comportamento delle particelle: non possiamo, ad esempio, conoscere simultaneamente posizione e velocità di un elettrone con precisione assoluta. La "realtà" stessa appare mutevole e dipendente dal metodo di osservazione, in un modo che sembra quasi filosofico.

Nel 1935, Erwin Schrödinger propose il suo famoso paradosso per evidenziare il comportamento controintuitivo delle particelle quantistiche. Questo esperimento mentale non voleva tanto spiegare la fisica quanto, piuttosto, suscitare un dibattito filosofico: che cos'è la realtà finché nessuno la osserva?

Se la fisica suggerisce che la realtà microscopica è sfuggente e indeterminata, Heidegger propose qualcosa di simile per l'essere in senso più ampio.

La conferenza *"Che cos'è metafisica?"* (in tedesco *"Was ist Metaphysik?"*), fu presentata per la prima volta nel 1929, come conferenza inaugurale di Heidegger all'Università di Friburgo, poco dopo la pubblicazione della sua opera fondamentale *"Essere e Tempo"* (1927).

In questa conferenza, Heidegger affronta il concetto di "nulla" (*das Nichts*) come elemento chiave della metafisica, esplorandolo attraverso un'analisi del nostro rapporto con il nulla stesso e mettendo in discussione le nozioni tradizionali dell'essere. È considerata uno dei lavori più celebri e provocatori del filosofo, segnando un momento cruciale nella sua riflessione sul rapporto tra essere, nulla e la metafisica.

Il testo della conferenza è stato poi pubblicato ed è disponibile in molte traduzioni, diventando un riferimento importante nella filosofia contemporanea.

Secondo il pensiero del filosofo enunciato in questa conferenza, il nulla non è semplicemente l'assenza di qualcosa, ma un elemento fondamentale per comprendere l'essere stesso. Questa intuizione ricorda gli stati di sovrapposizione quantistica, in cui presenza e assenza, essere e non-essere, coesistono paradossalmente.

Per Heidegger, vivere significa confrontarsi continuamente con l'incertezza. Essere una persona (il *"Dasein"*, come lo definì) implica navigare in una realtà che non è mai completamente chiara, bensì instabile e in continua trasformazione. Analogamente, la fisica quantistica suggerisce che la realtà fondamentale, quella delle particelle subatomiche, non è radicata in certezze, ma in possibilità.

La connessione tra Heidegger e le questioni sollevate dalla fisica quantistica non è mai stata esplicitamente discussa all'epoca. Tuttavia, i due mondi si svilupparono nello stesso periodo storico: mentre Heisenberg formulava il principio di indeterminazione, Heidegger esplorava i confini filosofici dell'essere. Entrambi, seppur con strumenti diversi, smantellarono l'idea tradizionale di una realtà oggettiva e comprensibile, ponendo invece l'accento sull'instabilità e sull'interpretazione.

Questa convergenza ha ispirato, nel tempo, intriganti riflessioni culturali. Lo scrittore Italo Calvino, affascinato dall'idea della sovrapposizione, scrisse nel 1967 un racconto intitolato *"L'avventura di due sposi"*, in cui descriveva un marito e una moglie che si incontrano solo in uno spazio-tempo sospeso, come due elettroni. La precarietà quantistica diventava una metafora dell'instabilità dei rapporti umani e, in senso più ampio, dell'esistenza stessa.

Allo stesso modo, il pensiero di Heidegger continua a influenzare non solo i filosofi, ma anche gli artisti e i narratori che esplorano i confini della realtà e del significato. Il parallelo con la fisica quantistica apre nuove strade per riflettere sul mondo moderno, che è sempre più consapevole dell'interconnessione tra scienza, filosofia e narrazioni culturali.

Alla fine, l'immaginario paradossale del Gatto di Schrödinger e il pensiero di Heidegger convergono in una lezione per il nostro tempo. Entrambi ci invitano a guardare oltre le apparenze, a riconoscere l'incertezza non come un limite, ma come una possibilità per esplorare nuovi confini.

Heidegger probabilmente avrebbe guardato con sospetto l'idea stessa di *"esperimento mentale"*. Eppure, forse non si sarebbe troppo sorpreso nel sapere che il fondamento della realtà, osservato dai fisici, assomiglia molto agli abissi instabili degli *"essenti"* di cui aveva parlato per tutta la sua vita. La filosofia e la scienza, dopotutto, sembrano incontrarsi proprio là dove si intravede il nulla — e, insieme, il tutto.

Definizioni storiche di metafisica da Aristotele a Kant.

Quando parliamo di "metafisica", ci addentriamo in uno dei campi più complessi del pensiero umano. Il termine nasce con Aristotele, che lo utilizza per indicare ciò che segue "fisicamente" il mondo sensibile. La "*ta meta ta physika*", espressione greca che significa letteralmente "le cose oltre la fisica", denota lo studio di ciò che non è direttamente accessibile ai sensi: i principi fondamentali dell'esistenza, le cause ultime, la natura dell'essere. Tuttavia, questo significato è mutato nei secoli, assumendo forme sempre più sofisticate. Con l'avvento della fisica quantistica, però, questa disciplina si trova a un bivio paradossale.

Aristotele: la metafisica come scienza dell'essere.

Nel IV secolo a.C., Aristotele definisce la metafisica come *"la scienza dell'essere in quanto essere"* e delle sue proprietà essenziali. Questo non si limita allo studio del mondo materiale, ma si estende ai principi primi.
"Tutti gli uomini per natura desiderano conoscere".
scrive Aristotele nel primo libro della Metafisica. Questo desiderio porta l'uomo, secondo Aristotele, a cercare oltre il mondo fisico spiegazioni universali: l'essenza delle cose, il loro scopo, il "motore immobile"

che regge il cosmo. Aristotele immagina l'universo come ordinato e razionale, comprensibile attraverso un'indagine sistematica. In altre parole, la metafisica indaga ciò che sta dietro al visibile, ma ancora all'interno di un quadro che possiamo conoscere almeno indirettamente.

La frattura moderna: Kant e il fenomenalismo.

Spostandoci al XVIII secolo, Immanuel Kant opera una rivoluzione nella filosofia. Con La Critica della Ragion Pura (1781), Kant introduce una distinzione radicale tra il *mondo fenomenico* (cioè, il mondo come appare a noi) e il *noumeno* (il mondo "in sé", la realtà ultima). Secondo Kant, la mente umana è condannata ad accedere solo al fenomeno, mai al noumeno. Questo approccio prende il nome di *fenomenalismo*: la conoscenza è sempre filtrata dalle strutture cognitive dell'osservatore. Tempo, spazio e causalità non sono caratteristiche della realtà oggettiva, ma schemi che la nostra mente utilizza per organizzare l'esperienza. Kant vede nel fenomenalismo un limite e una forza: se da un lato non possiamo conoscere la realtà ultima, dall'altro possiamo costruire un sistema scientifico rigoroso basato sulla nostra percezione del mondo.

La sfida della fisica quantistica.

La fisica quantistica, sviluppata agli inizi del XX secolo, rompe brutalmente con il fenomenalismo kantiano. Fenomeni come l'entanglement, il principio di indeterminazione e il collasso della funzione d'onda introducono una vertigine ontologica. Schrödinger stesso, con il suo celebre esperimento mentale del gatto chiuso nella scatola, sfida l'idea kantiana secondo cui la realtà fenomenica è l'unica accessibile. Il gatto, vivo e morto nello stesso momento finché non viene osservato, sembra suggerire che la realtà esista in stati sovrapposti che l'osservatore determina solo a posteriori.

In altre parole, la fisica quantistica postula una realtà che non è solo inaccessibile ai sensi, ma che potrebbe essere intrinsecamente contraddittoria rispetto alle nostre intuizioni logiche. Ciò fa vacillare l'intero impianto kantiano. Se per Kant il noumeno è inconoscibile ma stabile, la fisica quantistica lo trasforma in una nube di probabilità. La realtà, dunque, non è solo nascosta ai nostri occhi: è frammentata, instabile, forse incompleta.

Un esempio concreto: l'entanglement quantistico.

Un esempio che mostra il superamento del fenomenalismo kantiano è l'entanglement quantistico, descritto per la prima volta da Albert Einstein, Boris Podolsky e Nathan Rosen nel famoso paradosso EPR (1935). In questo fenomeno, due particelle intrecciate condividono informazioni istantaneamente, anche se separate da enormi distanze. Questo "effetto spettrale a distanza", che Einstein riteneva impossibile, suggerisce che le particelle non hanno proprietà definite finché non vengono misurate. Non solo la realtà è invisibile, ma non esiste nemmeno in senso tradizionale fino a quando non interagisce con un osservatore. Ci troviamo lontanissimi dai confini sicuri del fenomenalismo kantiano.

Con la fisica quantistica, la metafisica non è più un'indagine sui principi ultimi accessibili indirettamente, come in Aristotele, né un'indagine sui fenomeni costruiti dalla nostra mente, come in Kant. Diventa un cammino in un territorio sconosciuto, dove persino le domande fondamentali: *"Che cos'è il reale?"* o *"Cosa esiste al di là dell'osservazione?"* Queste domande sembrano esplodere in una miriade di possibilità. Il fisico John Bell, famoso per il suo teorema, diceva che la fisica quantistica :

> *"Ci costringe a ripensare cosa significhi essere reali"*.

La scienza quantistica, in effetti, porta l'esplorazione metafisica nel regno dell'assurdo.

Dalla Grecia di Aristotele alla Königsberg di Kant, la metafisica ha sempre cercato di fornire coerenza alla nostra comprensione della realtà. Ma negli anni Trenta, quando fisici come Schrödinger e Heisenberg rivoluzionavano il mondo scientifico, qualcosa è cambiato. La fisica quantistica ci costringe non solo a ripensare i limiti della conoscenza umana, ma anche a ridefinire la natura della realtà. Forse, come dice il poeta e fisico Paul Dirac:

> *"Le leggi della natura non sono solo più strane di quanto immaginiamo, sono più strane di quanto possiamo immaginare"*.

E in questo mistero, la metafisica mantiene vivo il suo sogno eterno: quello di raggiungere la verità ultima, anche se questa sembra scivolare via ogni volta che ci avviciniamo.

Sovrapposizioni quantistiche e il problema dell'essere.

L'immagine di un gatto chiuso in una scatola ha attraversato i confini della fisica per diventare un'icona culturale. Ma cosa accade se portiamo la metafora del gatto oltre la fisica? Questa domanda ci conduce nel territorio affascinante della metafisica, dove la sfida del paradosso diventa un problema filosofico: cosa significa "essere" in un mondo in cui regnano le sovrapposizioni?

Sovrapposizione: un nodo ontologico.

In fisica quantistica, uno stato "sovrapposto" descrive una particella (o un sistema) che esiste contemporaneamente in più stati possibili fino a quando non viene osservata. Questo principio, che nasce formalmente dal celebre formalismo della funzione d'onda di Schrödinger, mette in crisi le basi della concezione classica dell'essere. Nell'ontologia tradizionale, da Aristotele fino al pensiero moderno, qualcosa è o non è. L'idea di uno stato intermedio (o di più stati simultanei) contraddice i fondamenti di quella logica binaria.

Pensiamoci: è difficile immaginare un gatto che sia contemporaneamente vivo e morto. Persino a livello intuitivo, il nostro pensiero tende a collassare la realtà in una delle due possibilità. Alla fine, per il nostro spazio mentale e sensoriale, il gatto o vive o muore. Ma la meccanica quantistica sembra sfidare questa comprensione.

Per affrontare il problema, possiamo tornare al "padre" della metafisica: Aristotele. Nella sua opera principale, la "*Metafisica*", egli poneva l'accento su due principi fondamentali: il principio di identità ("A è A") e il principio di non contraddizione ("A non può essere contemporaneamente A e non-A"). La sovrapposizione quantistica rompe entrambi questi schemi. Un elettrone che passa contemporaneamente attraverso due fessure, o un gatto in una sovrapposizione di stati, sembra negare le basi del pensiero aristotelico.

Niels Bohr, uno dei padri fondatori della meccanica quantistica, non vedeva un problema nel concetto di sovrapposizione, ma piuttosto una limitazione della nostra capacità di descrivere la realtà. Bohr sosteneva che i concetti classici, come "particella" o "onda", sono solo strumenti umani per interpretare il mondo. Erano adatti alla fisica macroscopica, ma si dimostravano limitati a livello quantistico. Secondo Bohr, lo stato sovrapposto del gatto non rappresenta una contraddizione metafisica, ma un problema epistemologico. Non è la realtà che è incerta, ma il nostro linguaggio per descriverla.

E se ci fosse più di un mondo?

La sfida dell'ontologia classica ha aperto strade alternative e, talvolta, radicali. Nel 1957, Hugh Everett III propose una soluzione intrigante: l'interpretazione a molti mondi. In questa visione, il gatto non è simultaneamente vivo e morto nello stesso mondo, ma esistono due realtà parallele in cui il gatto vive da una parte e muore dall'altra. Questo approccio evita l'idea di stati sovrapposti in senso stretto, ma solleva nuove domande: cosa significa "essere" in un universo con infinite realtà? La sovrapposizione lascia il campo a un'ontologia differente, dove non c'è più una singola realtà, ma una molteplicità infinita di mondi.

Un rimando filosofico: Kant e la cosa in sé.

L'enigma risuona anche con il pensiero di Immanuel Kant. Secondo Kant, noi non accediamo mai alla "cosa in sé", cioè alla realtà ultima, ma solo ai fenomeni mediati dalla nostra percezione e dai nostri schemi mentali. L'indeterminazione quantistica sembra amplificare questa intuizione. Di fronte al gatto sovrapposto, ci troviamo proprio a confronto con un limite kantiano: è impossibile sapere cosa sia il gatto prima dell'osservazione. La funzione d'onda racchiude tutte le possibilità, ma il nostro accesso alla realtà è sempre vincolato dall'atto di misura.

Sotto i riflettori del pensiero quantistico troviamo il concetto di sovrapposizione quantistica. Secondo il formalismo della meccanica quantistica, un sistema può esistere in una combinazione di più stati simultanei finché non viene osservato. Ecco allora il famoso esperimento mentale: un gatto sigillato in una scatola insieme a un meccanismo mortale legato al decadimento di una particella subatomica. Finché nessuno apre la scatola, il gatto esiste in una sovrapposizione di stati:

vivo e morto allo stesso tempo. Solo l'atto dell'osservazione – l'apertura della scatola – riduce questa ambiguità a una delle due possibilità. Ma cos'è, esattamente, questa sovrapposizione? E che cosa può dirci, al di là della fisica, sulla realtà stessa?

Da Schrödinger a Kant: il limite della conoscenza.

Per interrogarsi sulla sovrapposizione quantistica non basta un semplice formalismo matematico. Serve un salto nella filosofia. Qui il pensiero di Immanuel Kant – vissuto nel diciottesimo secolo ma straordinariamente attuale – ci consegna un'intuizione profonda. Secondo Kant, la nostra conoscenza della realtà non può mai accedere alla "cosa in sé", ossia alla realtà ultima e indipendente dalla nostra percezione. Ciò che conosciamo sono i "fenomeni", ovvero il mondo così come si manifesta ai nostri sensi e alla nostra mente, attraverso schemi di spazio, tempo e causalità.

Questo limite kantiano riecheggia sorprendentemente nell'indeterminazione quantistica. Nell'atto di osservare il gatto, noi non stiamo soltanto svelando uno stato preesistente, ma stiamo partecipando al suo stesso divenire. Prima dell'osservazione, il gatto non è propriamente "vivo" o "morto": la sua condizione è descritta da una funzione d'onda – un oggetto matematico che racchiude tutte le possibilità. Ma questa funzione non è la "cosa in sé"; essa rappresenta solo ciò che possiamo dire del gatto prima della misurazione.

La metafisica del gatto di Schrödinger ci dice che osservatore e realtà non sono separati. L'atto di misurare non è passivo. È il discrimine che trasforma potenzialità in fatti. Se Kant ci aveva invitati a diffidare della presunzione di accedere alla realtà ultima, la fisica quantistica sembra confermare questa intuizione. Gli strumenti del fisico non sono mai neutrali. Come scrisse Werner Heisenberg, l'osservazione nella meccanica quantistica non è mai priva di conseguenze.

Schrödinger stesso, nel concepire il suo paradosso, era consapevole dello scossone filosofico che stava introducendo. Il suo esperimento mentale fu immaginato per mettere in discussione l'estensione dei principi quantistici a scale macroscopiche, ma il richiamo a domande profondamente umane è inevitabile. Cos'è la realtà, se non ciò che possiamo percepire? Quanto della nostra conoscenza del mondo dipende dal modo in cui lo osserviamo?

Vale la pena ricordare che il gatto di Schrödinger venne concepito nella stessa epoca in cui filosofi come Martin Heidegger si interrogavano sull'idea di "essere" e scrittori come Franz Kafka esploravano l'assurdità dell'esistenza. Questo dialogo tra cultura e scienza è tutt'altro che una sovrapposizione casuale. Il ventesimo secolo fu, forse, uno dei momenti più intensi nella storia del pensiero.

Oggi, il gatto di Schrödinger è diventato qualcosa di più di un'icona scientifica. Il suo nome si trova nei romanzi di fantascienza, nei film e persino nella cultura pop. Alcuni lo citano ridendo, altri lo usano per parlare di questioni esistenziali. Ma pochi sanno che c'è un'origine profondamente culturale dietro questo esperimento mentale. Lo stesso Schrödinger era un uomo dalla curiosità insaziabile, affascinato dalle connessioni tra scienza e filosofia. Non era un freddo calcolatore: era un pensatore che considerava il mondo fisico con lo stesso stupore con cui un poeta contempla l'immensità del cielo stellato.

Quando riflettiamo sul limite della nostra conoscenza, il gatto di Schrödinger si trasforma in un simbolo universale. Ci insegna che il confine tra ciò che è osservabile e ciò che è reale non è rigido. Proprio come il filosofo tedesco Kant ci ricordava che non possiamo accedere alla "cosa in sé", la fisica quantistica ci mostra che la realtà alla scala subatomica sfugge alle nostre intuizioni quotidiane.

Rimane una domanda aperta: il mondo quantistico è davvero un mistero nuovo e insondabile, oppure è solo un'altra forma del limite che incontriamo da sempre sulle strade del pensiero umano? Qualunque sia la risposta, il gatto – vivo o morto – continuerà a riflettere, con i suoi enigmatici occhi di giada, su di noi e sul nostro desiderio inestinguibile di conoscere.

Rompere i confini: un nuovo paradigma.

Il problema dell'"essere" posto dalla sovrapposizione quantistica non è solo una curiosità scientifica, ma una provocazione profonda rivolta al nostro modo di pensare. Quando Schrödinger immaginò il suo famoso gatto, lo fece come una critica alla visione ingenua della meccanica quantistica. Tuttavia, il paradosso si è evoluto. È diventato il simbolo di una rivoluzione filosofica.

La sovrapposizione ha spinto molti filosofi e fisici a riconoscere che l'ontologia classica, pur utile per descrivere il mondo macroscopico, è insufficiente per catturare la profondità della realtà quantistica. Come ha scritto il fisico Richard Feynman:

"Penso di poter dire con sicurezza che nessuno capisce la meccanica quantistica".

Questo non è un fallimento, ma una conferma della nostra continua ricerca.

Alla fine, il gatto di Schrödinger rappresenta la sfida di pensare oltre i confini. Che si tratti di stati sovrapposti, mondi paralleli o limiti della conoscenza, il paradosso ci invita a mettere in discussione il nostro concetto di realtà. La fisica quantistica ha mostrato che l'"essere" non è semplice né scontato. La metafisica, dunque, non è un esercizio astratto, ma un mezzo per esplorare un territorio ancora in gran parte sconosciuto. Sul confine tra essere e non essere, tra filosofia e scienza, il gatto continua a fare scuola.

La sovrapposizione come struttura di possibilità .

La sovrapposizione quantistica, cuore del famoso paradosso del Gatto di Schrödinger, non è solo un problema scientifico: è una sfida diretta alla nostra comprensione della realtà. Questo concetto, che implica l'esistenza simultanea di stati apparentemente incompatibili, ha scosso le basi della metafisica occidentale.

La sovrapposizione quantistica: quando la realtà è possibilità.

Sorprendentemente questo concetto "moderno" trova un alleato inatteso in Martin Heidegger, uno dei più grandi pensatori del XX secolo.

Per comprendere il legame tra Schrödinger e Heidegger, dobbiamo partire da un punto fondamentale: cos'è la realtà? Nella visione classica, la realtà è definita, solida, sempre presente. Un oggetto è lì, o non è lì. È vivo, o morto. La fisica quantistica sfida questa idea con la nozione della sovrapposizione: finché non osserviamo, un sistema esiste in tutti i suoi stati possibili. Nel caso del gatto, è allo stesso tempo vivo e morto, un'enigmatica condizione di "essere tutto fino a prova contraria".

Heidegger, nel suo capolavoro *"Essere e tempo"* (1927), non parla di fisica, ma affronta un problema simile. Secondo lui, l'"Essere" non è una cosa definita o rigida. È un processo aperto, una rete di possibilità. Heidegger chiama questo *"Esserci"* (*Dasein*): la condizione umana di vivere costantemente tra ciò che è e ciò che potrebbe essere. La nostra esistenza non è mai chiusa o completa. Siamo sempre chiamati a creare senso, navigando tra le possibilità.

Questa visione dell'essere come apertura trova un eco sorprendente nella sovrapposizione quantistica. Entrambe suggeriscono che la realtà non è fissa, ma si manifesta solo quando interagiamo con essa. Proprio come il gatto di Schrödinger "sceglie" se vivere o morire nel momento dell'osservazione, anche per Heidegger l'"Essere" prende forma soltanto nell'interazione tra esso e l'uomo.

Un elemento centrale del pensiero di Heidegger è il passaggio da una filosofia delle "cose" a una filosofia degli "eventi". Nella tradizione occidentale, influenzata da Aristotele, il mondo è stato visto come un insieme di oggetti con proprietà definite. Heidegger ribalta questa prospettiva: il mondo non è un inventario di oggetti, ma un intreccio di possibilità. Il significato delle cose non esiste in modo indipendente, ma si costruisce nel rapporto con chi le osserva.

Lo stesso accade nella fisica quantistica. Prima dell'osservazione, una particella non ha uno stato determinato. Esiste solo come un ventaglio di potenziali stati, un "campo di possibilità", come direbbe Heidegger. Quando si tenta di osservare la particella, il suo stato si manifesta. Questo processo ricorda l'idea heideggeriana secondo cui la realtà emerge attraverso il tempo e le relazioni.

Un esempio interessante per illustrare questa connessione è la figura del futuro. Heidegger attribuisce al futuro un ruolo fondamentale nell'essere umano: il nostro rapporto con il "possibile" ci definisce più del nostro passato o del nostro presente. Analogamente, la sovrapposizione quantistica vive in uno spazio indefinito dove il futuro ha un potenziale infinito. E proprio come l'"*essere-per-la-morte*" di Heidegger modella le nostre scelte nel presente, l'indeterminatezza del gatto di Schrödinger ci costringe a ripensare come vediamo l'orizzonte del possibile.

Ma cosa significa tutto questo per noi oggi? Perché Heidegger e Schrödinger ci parlano ancora, a distanza di decenni dalle loro opere e teorie? In parte, perché entrambi ci insegnano che il reale non è mai solo ciò che vediamo. La realtà è sfuggente. È più grande delle nostre categorie mentali.

L'idea di una realtà come "struttura di possibilità" emerge non solo nella fisica e nella filosofia, ma nella cultura del Novecento nel suo complesso. Kafka, per esempio, descrive nei suoi racconti un mondo che sembra sempre in attesa, intrappolato in possibilità mai realizzate. Oppure il surrealismo di artisti come René Magritte, che con quadri come "*La Trahison des Images*" ci invita a dubitare di ciò che vediamo.

Anche oggi, il paradosso del gatto e il pensiero di Heidegger trovano applicazioni pratiche inattese. Nella tecnologia quantistica, per esempio, il concetto di sovrapposizione è alla base del calcolo quantistico. Mentre nell'intelligenza artificiale, la comprensione delle reti come "modelli di possibilità" riflette idee che risuonano con Heidegger.

Kafka e la metafora della possibilità sospesa.

Oltre al gatto (vivo, morto o entrambe le cose), questo paradosso ci porta al cuore di un'idea centrale: la realtà come una "struttura di possibilità". Un concetto che non si limita alla fisica, ma che riverbera nella filosofia e nella cultura novecentesca — incluse le opere di Franz Kafka.

La sovrapposizione quantistica descrive uno stato in cui una particella può esistere in più stati simultaneamente, fino a quando un'osservazione non "collassa" questa molteplicità in una singola realtà. Per esempio: un elettrone può trovarsi in due posizioni diverse nello stesso momento. Applicare questa idea a un gatto chiuso in una scatola - vivo e morto allo stesso tempo finché qualcuno non lo osserva - mostra quanto questo concetto sia paradossale. Come può qualcosa essere contemporaneamente due possibilità opposte?

Eppure, la sovrapposizione quantistica non è solo un problema scientifico, ma una provocazione metafisica. Schrödinger stesso scrisse:

"Non speriamo di avere una visione chiara della realtà quantistica, ma solo di avvicinarci a essa".

Questo stato di incertezza e di possibilità multipla diventa lo specchio di un'intera visione del mondo: la realtà non è un fatto statico, ma una rete di possibilità in attesa di manifestarsi.

Franz Kafka, narratore delle inquietudini dell'uomo moderno, è un interprete insuperato di una realtà che non si cristallizza mai del tutto. Nei suoi romanzi e racconti, Kafka costruisce mondi in cui il possibile e l'impossibile si confondono, come accade nella celebre

"*Metamorfosi*" (1915). Gregor Samsa, trasformato in un enorme insetto, vive in bilico tra l'umano e l'inumano. Questa condizione instabile riflette un'idea profondamente moderna: l'essere non si definisce mai in maniera completa, ma resta sempre aperto a possibilità inattese.

Anche "*Il Processo*" (1925) incarna questa tensione. Josef K., arrestato senza sapere perché, trascorre il tempo in un'attesa angosciante di un giudizio che non arriva mai. Questa incertezza permanente riecheggia la logica quantistica: come il gatto nella scatola, Josef K. vive bloccato in uno stato potenziale — non è né colpevole né innocente, ma entrambe le cose fino alla sentenza finale (che però non si manifesta mai). Kafka, dunque, racconta la condizione umana come una sovrapposizione metafisica: un'infinita serie di possibilità che non si "collassa" mai in una sola verità.

Nel corso del Novecento, l'idea della realtà come una "struttura di possibilità" ha permeato non solo la scienza o la letteratura, ma anche altri aspetti della cultura. Lo vediamo nel Surrealismo, dove artisti come Salvador Dalí dipingono mondi in cui il confine tra realtà e sogno si dissolve.

Pensiamo a "*La persistenza della memoria*" realizzato da Salvador Dalí nel 1931. Gli "orologi molli" presenti nella scena sono un simbolo distintivo dell'opera e rappresentano il concetto del tempo come qualcosa di fluido e soggettivo, in contrasto con l'idea di tempo come struttura rigida e immutabile. Questo dipinto è un'immagine sospesa tra il reale e il metafisico, dove il "tempo" — una probabile certezza nella nostra percezione — si scioglie in infinite possibilità.

Persino nel cinema, l'idea della possibilità molteplice trova spazio. Basti pensare a "Sliding Doors" (1998), film in cui la vita della protagonista si biforca in base a un piccolissimo evento: salire in tempo o perdere una metropolitana. Qui vengono messe in scena due versioni della stessa vita, entrambe ugualmente "reali", ma destinate a esiti diversi. Come nella fisica quantistica, entrambe le realtà sono possibili fino al momento dell'osservazione. .

La metafisica della sovrapposizione quantistica, incarnata nell'immagine del Gatto di Schrödinger, ci offre una delle più potenti metafore per comprendere il nostro rapporto con la realtà. Nel mondo quantistico, come nella vita, ciò che esiste è sempre in bilico tra il possibile e l'attuale, tra il "qui" e il "altrove". Non essere in grado di accedere a una verità unica non è un limite, ma una condizione essenziale del nostro essere.

Ciò che Schrödinger, con il suo gatto paradossale, e Kafka, con i suoi mondi sospesi, ci insegnano è che vivere significa sapersi muovere tra queste possibilità. La realtà è un'eterna "scatola chiusa", un luogo dove ogni porta può aprirsi, ogni scelta può plasmare ciò che sarà — e dove il confine tra ciò che è reale e ciò che non lo è rimane, inevitabilmente, indistinto.

Le possibilità irrealizzate si riflettono chiaramente in alcune correnti artistiche e musicali del Novecento.

L'idea di realtà vista come un insieme di possibilità irrealizzate si riflette chiaramente in alcune correnti artistiche e musicali del Novecento.

Nell'ambito della pittura, il Surrealismo, movimento nato negli anni '20, si concentra sull'esplorazione del subconscio, dei sogni e delle realtà potenziali che spesso sfuggono al nostro controllo razionale.

René Magritte mette in discussione la rappresentazione della realtà nelle sue opere, come in "*La Trahison des Images*" (1929), dove la scritta "*Ceci n'est pas une pipe*" suggerisce che l'immagine non è l'oggetto reale. Questa dissonanza apre a una riflessione sulla molteplicità dei significati e sulle realtà potenziali scollegate da ciò che percepiamo.

Nell'Arte Astratta, artisti come Wassily Kandinsky e Paul Klee hanno cercato di rappresentare non tanto la realtà visibile quanto quella invisibile – la possibilità di forze, emozioni e connessioni che non si vedono ma che esistono come potenzialità. Kandinsky, per esempio, vedeva l'arte come un mezzo per esprimere uno "spirituale" potenziale che si manifestava attraverso forme e colori astratti.

Nel campo della Musica d'avanguardia, nel XX secolo, compositori come John Cage hanno esplorato l'idea della musica come processo aperto, in cui il caso gioca un ruolo significativo. Questo riflette l'immagine di una realtà come una possibilità non predeterminata.

Il pezzo più emblematico di Cage, "*4'33*" (1952), è costituito da silenzio apparente, ma in realtà invita gli ascoltatori a concentrarsi sui suoni ambientali casuali che accadono durante la performance. Questo trasforma l'indeterminato (ciò che potrebbe accadere) in parte integrante dell'opera d'arte.

Cage ha anche utilizzato il concetto di "musica aleatoria", ovvero il coinvolgimento di possibilità infinite nel comporre musica. Questo termine descrive una pratica compositiva in cui il caso o l'indeterminatezza svolgono un ruolo centrale nel processo creativo o esecutivo. John Cage è uno degli esponenti più significativi di questa idea, utilizzando procedimenti casuali (come l'I Ching) per introdurre infinite possibilità nella composizione e interpretazione musicale.

Nel campo della Musica seriale e dodecafonica, compositori come Arnold Schönberg e Anton Webern, nella *Seconda Scuola di Vienna*, hanno elaborato metodi di composizione che abbandonano la tradizionale tonalità in favore di un'organizzazione matematica più aperta, lasciando spazio a una molteplicità di possibilità sonore. L'indeterminatezza che si percepisce in alcune di queste opere rispecchia, in musica, gli interrogativi sul "reale" esplorati in filosofia e fisica.

Non possiamo trascurare i campi della Improvvisazione jazz e della Musica elettronica: Nel jazz sperimentale, artisti come Miles Davis hanno enfatizzato l'importanza dell'improvvisazione come manifestazione di possibilità irrealizzate che si concretizzano solo nel momento della performance. Opere come *"Bitches Brew"* (1970) rappresentano un continuo fluire creativo, dove ogni nota e scelta rappresenta solo una fra le possibilità infinite.

In entrambi i campi – arte visiva e musica – il Novecento ha visto un'immersione nell'esplorazione di stati non definitivi, di realtà che non si realizzano, ma restano aperte come possibilità. Sia il Surrealismo che autori musicali come Cage o Davis possono essere visti come paralleli alla filosofia del "mondo di possibilità" suggerita dalla meccanica quantistica e riflessa nel tema del gatto di Schrodinger.

L'esistenzialismo.

Il concetto di realtà come "struttura di possibilità" trova un'interessante risonanza all'interno dell'esistenzialismo, in particolare negli scritti di Sartre e Camus, due figure centrali per questa corrente filosofica.

Sartre: Libertà e possibilità.

Jean-Paul Sartre, nella sua opera *"L'essere e il nulla"* (*L'Être et le néant*), affronta direttamente il tema della realtà come un campo di possibilità. Per Sartre, l'esistenza umana si definisce attraverso la libertà, che è intrinsecamente legata alla capacità di scegliere tra possibilità diverse. L'essere umano non ha una "natura" predefinita o un senso innato, e ciò lo pone in una condizione che Sartre descrive come "*condannato alla libertà*": siamo obbligati a confrontarci con le innumerevoli possibilità che la vita ci presenta e ad agire in base alle nostre scelte.

Questo si collega alla visione della realtà come "struttura di possibilità" poiché, nella prospettiva sartriana, il mondo stesso non è un insieme di dati oggettivi e definitivi, ma uno spazio aperto a interpretazioni e potenzialità. Ogni situazione è ciò che Sartre chiama un "progetto": un punto di partenza da cui l'individuo può costruire il proprio futuro. Così, la realtà si configura non come qualcosa di statico, ma come un fluire continuo di possibilità non ancora realizzate, che assumono senso solo attraverso la libertà e l'azione umana.

Un esempio chiave si trova anche nel concetto di "*niente*" (néant): il nulla rappresenta quelle possibilità che esistono solo come potenziale e che, attraverso la libertà umana, possono essere trasformate in realtà. In questo sistema, la realtà è costantemente reinterpretata dall'individuo, rendendo l'esistere umano un continuo atto creativo.

Camus: L'Assurdo e la tensione tra possibilità.

Albert Camus, sebbene spesso associato al rifiuto totale del termine "esistenzialismo," lavora su temi in consonanza, specialmente il concetto di assurdo. Nei suoi scritti, la realtà appare come un dominio in cui l'essere umano si scontra con un mondo privo di senso intrinseco. Tuttavia, è proprio in questo movimento, in questa tensione tra le possibilità aperte e l'assenza di significato definitivo, che emerge lo spazio dell'azione e della resistenza umana.

Per Camus, ad esempio in "*Il mito di Sisifo*", la realtà come "struttura di possibilità" si riflette nel contrasto tra il desiderio umano di trovare un senso oggettivo e la "muta indifferenza" dell'universo. Sisifo, figura simbolica, continua a spingere il masso sulla montagna pur sapendo che cadrà, incarnando la chiara accettazione del potenziale insensatezza dell'esistenza. L'assurdo, tuttavia, non blocca l'agire: al contrario, consente l'apertura verso nuove possibilità, non perché abbiano un significato cosmico, ma perché derivano dalla scelta dell'individuo di vivere e creare un senso pur nella sua assenza.

In quest'ottica, Camus non vede la realtà come un ordine fisso, ma come una tela vuota o incompleta, che diventa ciò che l'individuo sceglie di fare di essa, anche quando si affronta l'assurdo. Un ottimo esempio è il personaggio di Meursault in *"Lo straniero"*, che, nel confrontarsi con la morte, abbraccia pienamente la propria esistenza e le possibilità che ha colto fino a quel momento, senza cercare illusioni metafisiche.

Convergenze con il concetto di "struttura di possibilità".

In sintesi, sia in Sartre che in Camus, la realtà come struttura di possibilità trova espressione nelle loro visioni esistenzialiste:

In Sartre, la realtà è plasmata dalle scelte individuali, che concretizzano o meno una serie di possibilità attraverso il potere della libertà.

In Camus, la realtà è un terreno aperto di possibilità che esistono nell'accettazione dell'assurdo e nella volontà individuale di creare senso all'interno di un universo muto.

Entrambi condividono, seppur con sfumature diverse, l'idea che la realtà non sia qualcosa di definitivo o predeterminato, ma qualcosa che prende forma attraverso le scelte, l'azione e la responsabilità umana. Sartre sottolinea la necessità di scegliere nelle infinite possibilità, mentre Camus evidenzia la tensione creativa di vivere anche quando il senso ultimo sembra mancare.

"Strutture di possibilità" nella Fisica quantistica e teoria del caos.

L'idea della realtà come "struttura di possibilità" nella fisica quantistica e le teorie del caos sono entrambe approcci affascinanti che esplorano l'incertezza e la non-determinazione nel descrivere la realtà, ma lo fanno da prospettive diverse, e il confronto tra di esse può rivelare connessioni interessanti e implicazioni culturali.

In fisica quantistica, il concetto di "struttura di possibilità" emerge dalla sovrapposizione quantistica. Il paradosso del Gatto di Schrödinger, ad esempio, illustra come un sistema possa esistere simultaneamente in stati diversi (es. vivo e morto), fino a quando non viene misurato. Ciò implica che la realtà, a livello subatomico, non è una sequenza deterministica di eventi, ma una rete di potenzialità che "collassano" in un particolare stato attraverso l'atto dell'osservazione o dell'interazione. Questo modo di concepire la realtà ha influenzato non solo le scienze, ma anche l'arte, la filosofia (esistenzialismo) e la letteratura, che hanno adottato un senso di ambiguità, apertura e molteplicità per riflettere la complessità dell'esperienza umana.

Le Teorie del Caos: Dinamiche e Imprevedibilità.

Le teorie del caos, d'altra parte, si concentrano su sistemi complessi e dinamici che seguono leggi deterministiche ma che, a causa della loro sensibilità estrema alle condizioni iniziali, producono comportamenti apparentemente casuali e imprevedibili (il cosiddetto "effetto farfalla"). Un aspetto chiave del caos è che, anche in un universo apparentemente governato dal determinismo, l'imprevedibilità pratica regna sovrana, poiché anche piccole variazioni iniziali possono portare a risultati radicalmente diversi. Ciò ha implicazioni filosofiche profonde, poiché suggerisce che l'ordine e il disordine siano intrinsecamente connessi, e che il caso giochi un ruolo cruciale nella determinazione della realtà. Questo ha fortemente influenzato discipline artistiche e culturali, come l'arte generativa, i sistemi complessi nella sociologia o persino la narrativa postmoderna.

La fisica quantistica parte dal presupposto che la realtà, nella sua essenza più profonda, non sia determinata fino al momento della misurazione. Le teorie del caos, invece, accettano un universo deterministico ma mostrano come, in pratica, l'imprevedibilità emerga da dinamiche estremamente sensibili. In entrambi i casi, ciò sfida il concetto tradizionale di una realtà lineare, ordinata e prevedibile.

Entrambi i concetti hanno avuto un impatto simile sulla cultura contemporanea:

L'arte surrealista o astratta, ad esempio, riflette aspetti della quantistica esplorando la molteplicità e l'ambiguità (si pensi a Dalí o Magritte).

Le teorie del caos, invece, hanno influenzato movimenti come il postmodernismo, che spesso frammentano la narrazione per rappresentare la complessità e l'interconnessione del mondo (Don DeLillo o David Lynch ne sono esempi emblematici).

Impatto sulla Cultura Contemporanea.

Nella cultura contemporanea, entrambe queste prospettive hanno portato a una maggiore consapevolezza della complessità e fluidità del mondo:

Nella letteratura, autori come Calvino o Pynchon hanno usato concetti di caos e possibilità per creare storie frammentarie o aperte, lasciando al lettore il compito di interpretarle.

Nell'arte e nella musica le opere generative e gli esperimenti sonori degli anni '60 e '70 (come quelli di Stockhausen o Reich) abbracciano i principi dei sistemi dinamici e dell'incertezza.

Nell'abito della tecnologia, l'emergere di sistemi complessi (reti sociali, intelligenza artificiale) può essere visto come un riflesso sia dell'indeterminazione quantistica sia dell'imprevedibilità caotica.

Il confronto tra la fisica quantistica e le teorie del caos rivela un'interessante complementarità nella loro descrizione della realtà come uno spazio di possibilità e complessità. Da una parte, la quantistica si concentra sul potenziale e sulla probabilità a livello fondamentale, mentre le teorie del caos esplorano come, in sistemi più grandi e complessi, l'imprevedibilità emerga nonostante il determinismo. Entrambe hanno spinto la cultura contemporanea a riflettere in modo profondo sulla natura dell'esistenza, sulla libertà e sui limiti della conoscenza umana.

"Struttura di possibilità" nel pensiero economico.

La concezione della realtà come "Struttura di possibilità" può certamente essere collegata al pensiero economico e politico del XX secolo, specialmente in termini di come economisti e teorici politici abbiano affrontato l'incertezza, la scelta, e il potenziale non realizzato. John Maynard Keynes, ma anche altri pensatori, hanno riflettuto su questi temi in modi che risuonano con questa visione.

Keynes, nel cuore della sua teoria economica, è profondamente consapevole dell'incertezza intrinseca che permea la realtà economica. Questo concetto è direttamente collegato alla nozione di "struttura di possibilità", poiché nell'economia keynesiana il futuro non è determinato da leggi rigide, ma piuttosto da decisioni umane e aspettative spesso basate su possibilità non verificabili.

La "Belle Époque" delle aspettative economiche.

Nel pensiero di Keynes, troviamo l'idea che le decisioni economiche, come gli investimenti, siano basate su quello che lui chiama "aspettative soggettive" sul futuro. Ad esempio, gli imprenditori scelgono di investire non perché il futuro sia certo, ma sulla base di ciò che loro intravedono come possibile. Questo annulla la visione deterministica del passato e pone la realtà economica come un campo di possibilità future.

Keynes afferma che il mondo dell'economia non segue sempre schemi logici e prevedibili (a differenza della fisica classica), ma si basa su emozioni, incertezze e ipotesi. L'idea di *animal spirits* (spiriti animali) sottolinea come le scelte economiche spesso ricadano su intuizioni e speranze, riflettendo un'idea di realtà dove coesistono molteplici possibilità non ancora realizzate, ma sempre in bilico.

Politica e la gestione delle possibilità: Roosevelt e il New Deal.

Il New Deal di Franklin Delano Roosevelt (1933-1939), ispirato dalle teorie keynesiane, rappresenta un esempio straordinario di come la politica possa affrontare la realtà come struttura aperta e dinamica. Durante la Grande Depressione, Roosevelt non cercò di tornare a una presunta stabilità economica del passato, bensì abbracciò l'idea di creare nuove possibilità attraverso l'intervento statale.

Il New Deal non si basava su mercati "naturali" o forze inevitabili, ma su un approccio attivo e creativo in cui lo Stato costruiva possibilità laddove non sembravano esserci. Programmi come il *"Civilian Conservation Corps"* o la *"Social Security"* erano tentativi di plasmare nuove realtà economiche e sociali. Questo riflette il concetto che la realtà economica non è fissa, ma è una struttura malleabile soggetta all'immaginazione politica.

Gli anni '60: Marcuse e l'utopia politica.

Sul fronte filosofico-politico, pensatori come Herbert Marcuse hanno interpretato il potenziale umano in termini di possibilità utopiche. Marcuse, appartenente alla Scuola di Francoforte, vedeva la realtà capitalistica come capace di contenere la possibilità di una trasformazione liberatrice. Il suo lavoro pone un parallelo con la nozione di realtà come campo di possibilità non ancora realizzate: sebbene siamo immersi in strutture oppressive, esiste un potenziale umano per ribaltarle.

Marcuse sosteneva che il capitalismo produce una "falsa necessità", cioè l'idea che lo status quo sia immutabile. Tuttavia, egli credeva che il cambiamento sociale risiedesse nel riconoscere le possibilità latenti al di là delle contraddizioni del sistema. Qui torna l'idea che il futuro è aperto e che dipende dalla volontà umana di esplorare quelle possibilità.

L'idea della realtà come "struttura di possibilità" ha influenzato profondamente le teorie economiche e politiche del XX secolo. Dai modelli economici di Keynes all'azione politica di Roosevelt fino alle visioni utopiche di Marcuse e altri, essa sottolinea come l'umanità abbia la capacità sia di immaginare che di creare un futuro migliore partendo da possibilità inesplorate.

Jung e Freud. "Struttura di possibilità" nella psicologia del Novecento.

L'idea della realtà come "struttura di possibilità" trova riflessi affascinanti anche nella psicologia del Novecento, in particolare nelle teorie di Carl Gustav Jung e Sigmund Freud, seppur in modi differenti.

Freud, nel suo approccio psicoanalitico, può essere collegato a questa visione della realtà attraverso il concetto di *inconscio*. Secondo Freud, l'inconscio rappresenta una dimensione della mente piena di potenzialità latenti: desideri repressi, pulsioni inespresse e paure che non sono immediatamente accessibili alla consapevolezza ma che incidono profondamente sulla realtà psicologica dell'individuo. In questo senso, la realtà psichica descritta da Freud non è un "*dato oggettivo*", ma un insieme di possibilità che emergono attraverso i sogni, le associazioni libere, gli atti mancati e i sintomi.

Un esempio emblematico è l'interpretazione dei sogni: per Freud, i sogni sono una manifestazione della realtà inconscia, che si esprime in modo simbolico e attraverso infinite interpretazioni. Nel sogno, la "realtà" è fluida e generativa, fondata più sul possibile che sul concreto.

Jung, da parte sua, offre una prospettiva ancora più esplicita di realtà come "struttura di possibilità" grazie ai suoi concetti di *archetipi* e *inconscio collettivo*. Per Jung, l'inconscio collettivo è una dimensione condivisa da tutta l'umanità, una sorta di serbatoio di possibilità universali, che si manifesta in forme simboliche. Gli archetipi (come il Sé, l'Ombra, l'Anima) non sono "realtà" fisse, ma strutture potenziali che le persone vivono e sperimentano in modi unici.

Inoltre, il concetto di *sincronicità* di Jung enfatizza l'idea che la realtà non è deterministica, ma ricca di possibilità connesse in modi spesso inattesi e significativi. La sincronicità suggerisce che eventi apparentemente casuali siano, in realtà, collegati da un significato simbolico, rivelando un'intima struttura di possibilità sempre presente nella realtà.

Sia in Freud che in Jung, l'idea di realtà non è mai assoluta o definitiva, ma rimane in evoluzione, aperta a nuove interpretazioni e significati. Questo riflette il tema trasversale di una "*realtà come struttura di possibilità*". Come Schrödinger con il gatto quantistico, Freud e Jung ci mostrano che la realtà psicologica è un campo complesso, multidimensionale, in cui convivono il possibile e l'effettivo, il conscio e l'inconscio.

Inoltre, Jung ha avuto risonanza con correnti culturali come il Surrealismo (pensiamo ai dipinti di Dalí, che spesso raffigurano immagini del mondo inconscio), così come Freud ha ispirato molti percorsi letterari del Novecento, dove il soggetto umano esplora la sua identità frammentata e piena di possibilità, come in Kafka o nelle opere di Joyce.

Riassumendo, l'idea di una realtà psicologica come potenzialità è centrale sia in Freud che in Jung, anche se sviluppata lungo linee diverse: Freud esplora le possibilità latenti nell'inconscio individuale, mentre Jung esplora le strutture archetipiche e simboliche condivise dall'umanità.

In definitiva, il gatto di Schrödinger non è solo una provocazione scientifica. È anche una lente filosofica attraverso cui possiamo vedere il mondo. Heidegger, con la sua visione dell'essere come apertura, ci invita a considerare la realtà non come una serie di risposte, ma come un insieme di domande. Non c'è un'unica verità, ma un costante dialogo con il possibile.

La fisica quantistica e la filosofia ci insegnano, in modi diversi, che l'universo è più fluido di quanto pensassimo. Il gatto e l'"Esserci" si trovano al confine tra ciò che è e ciò che potrebbe essere. Un confine che, alla fine, siamo noi stessi a tracciare.

Il ruolo dell'osservatore: una lettura epistemologica.

Il mondo esiste anche se non lo guardiamo? È una domanda antica, ma la fisica quantistica ci costringe a riformularla in modo nuovo e provocatorio. Il paradosso del Gatto di Schrödinger rappresenta il cuore di questo dilemma. In questa celebre ipotesi mentale, Erwin Schrödinger immagina un gatto chiuso in una scatola dove il suo stato, vivo o morto, dipende dal decadimento atomico, un evento governato dalle leggi della meccanica quantistica. Prima dell'osservazione, si dice, il gatto è in una "sovrapposizione di stati", sia gatto vivo che gatto morto. Ma chi determina la verità di ciò che accade nella scatola? L'osservatore diventa più di una semplice presenza. Assume un ruolo centrale, quasi ontologico, nell'esistenza stessa della realtà.

Il mondo esiste solo quando guardiamo?

La questione, che inizialmente nasce come un dibattito scientifico, assume rapidamente una dimensione filosofica e metafisica. Niels Bohr, uno dei padri fondatori della meccanica quantistica, sosteneva che l'atto dell'osservazione interrompe la sovrapposizione e definisce la realtà. Questo principio, noto come "collasso della funzione d'onda", implica che senza un osservatore il gatto (e, per estensione, la realtà stessa) resta sospeso in uno stato indefinito. Ma è davvero così? Il mondo, allora, esiste solo quando guardiamo?

L'idea che l'osservatore sia essenziale per la realtà ha radici che vanno oltre la fisica. George Berkeley, filosofo irlandese del XVIII secolo, sosteneva che l'esistenza degli oggetti dipende dalla percezione. La formula immortale di Berkeley è:

"Esse est percipi" (citazione latina).

(Esistere è essere percepito). Secondo Berkeley, Dio stesso è il grande osservatore che garantisce la persistenza del mondo quando nessuno lo guarda. La meccanica quantistica sembra prendere una traiettoria simile, ma senza invocare l'intervento divino. Qui, l'osservatore umano o meccanico entra come co-creatore della realtà misurata.

"Esse est percipi": un filosofo del XVIII secolo e il sogno quantistico.

In realtà, il paradosso del Gatto di Schrödinger solleva una domanda cruciale: quanto l'osservatore influisce sulla realtà? La fisica, in questo caso la meccanica quantistica, ci dice che il solo atto di osservare modifica lo stato del sistema. Ma questo concetto ha radici che affondano ben oltre la scienza, risalendo alla filosofia e a una lunga storia di speculazione sull'importanza della percezione.

Prima della fisica quantistica, qualcuno aveva già intuito l'idea che la realtà, in fondo, dipenda dall'osservatore. George Berkeley, filosofo irlandese vissuto nel XVIII secolo, è ricordato proprio per questa provocatoria tesi. Nel suo sistema filosofico noto come "*immaterialismo*" (poi chiamato anche "*idealismo soggettivo*"), Berkeley sostiene che il mondo esiste solo se è percepito da un osservatore. La sua massima, "*Esse est percipi*" ("l'essere è essere percepito"), ne è la sintesi più famosa.

Ma cosa accade al mondo, secondo Berkeley, quando nessuno lo osserva? Qui entra in gioco una figura centrale: Dio. Per Berkeley, l'universo non collassa mai in un nulla indeterminato perché Dio, un osservatore eterno e onnipresente, garantisce che gli oggetti continuino a esistere anche in assenza di testimoni umani. In un certo senso, Dio svolge un ruolo simile a quello dell'osservatore nella fisica quantistica: Egli "collassa" la realtà, mantenendola stabile e coerente.

Questo collegamento tra la visione teologica di Berkeley e le implicazioni filosofiche del Gatto di Schrödinger è affascinante. Entrambi ci spingono a chiederci se la realtà sia una struttura oggettiva o una costruzione fortemente dipendente dalla coscienza di chi la osserva.

L'importanza della percezione nella cultura.

L'idea che l'osservatore crei o influenzi la realtà ha trovato spazio non solo nella filosofia e nella fisica, ma anche nell'arte, nella letteratura e nella psicologia. Pensiamo per un attimo al racconto di Jorge Luis Borges "*Tlön, Uqbar, Orbis Tertius*" (1940), in cui l'autore argentino immagina un mondo in cui gli oggetti non esistono se non in quanto percepiti. In quel contesto, l'osservazione non è solo un atto passivo, ma un processo creativo che genera il reale.

Anche nella pittura, ci sono opere che evocano il concetto di presenza dell'osservatore come parte dell'opera stessa. Gli specchi negli autoritratti di Jan van Eyck o Diego Velázquez (pensiamo all'iconica "*Las Meninas*") ricordano che il mondo che vediamo è sempre mediato dall'occhio che guarda, e quindi soggettivo.

La stessa psicologia moderna ha affrontato il tema. Gli esperimenti di psicologia della Gestalt e alcune intuizioni della psicologia cognitiva dimostrano che non osserviamo mai la realtà in modo "puro". La mente umana interpreta, plasma e completa ciò che vede, costruendo un'immagine coerente del mondo esterno.

Se torniamo al Gatto di Schrödinger e alla fisica quantistica, scopriamo che il ruolo dell'osservatore non è meramente accessorio. Secondo l'interpretazione classica della meccanica quantistica – detta "interpretazione di Copenaghen" e sostenuta da Niels Bohr – la funzione d'onda, che rappresenta tutte le possibili condizioni di un sistema, collassa in uno stato definitivo solo al momento dell'osservazione. Fino a quel momento, lo stato del sistema esiste in una sovrapposizione di possibilità.

Questo porta a una constatazione sconcertante: la realtà subatomica, in qualche modo, sembra "sapere" quando viene osservata. Il noto esperimento della doppia fenditura lo dimostra chiaramente. Quando gli scienziati osservano le particelle che attraversano le fenditure, queste si comportano come particelle solide. Quando invece smettono di osservare, le particelle si comportano come onde.

E se ampliamo questa visione? Se ogni osservatore fosse l'equivalente di un "Dio" berkeleiano, capace di dare solidità al reale semplicemente guardandolo? È una domanda vertiginosa, che mescola scienza, metafisica e un pizzico di poesia. L'universo, in questa luce, non è qualcosa di "*dato*", ma una realtà fluida e mutevole, una tela da dipingere con la forza della nostra attenzione.

L'osservazione nella psicologia della Gestalt.

Quando Erwin Schrödinger propose il suo celebre paradosso del gatto chiuso nella scatola, non immaginava che il concetto avrebbe aperto porte non solo alla fisica quantistica e alla filosofia, ma anche alla psicologia. La questione centrale – il ruolo dell'osservatore nel determinare la realtà – non riguarda solo gli elettroni o i gatti, ma anche la nostra stessa percezione quotidiana del mondo.

La psicologia della Gestalt è una corrente psicologica che studia come la mente umana percepisce e organizza le informazioni, enfatizzando il fatto che il tutto è diverso dalla somma delle sue parti. Essa sostiene che le persone interpretano la realtà attraverso schemi innati e processi attivi, costruendo significati completi a partire da stimoli parziali.

Nei primi anni del XX secolo, i ricercatori della psicologia della Gestalt, come Max Wertheimer, Wolfgang Köhler e Kurt Koffka, iniziarono a esaminare il modo in cui la mente umana percepisce il mondo esterno. Una delle loro scoperte fondamentali fu che non possiamo mai osservare la realtà in modo "puro". La mente interviene sempre, riorganizzando, completando e interpretando ciò che percepiamo per costruire un'immagine coerente.

Un esempio famoso è il cosiddetto "Triangolo di Kanizsa" (inventato dallo psicologo Gaetano Kanizsa nel 1955). Quando guardiamo il disegno – composto solo di segmenti e figure incomplete – il cervello vede chiaramente un triangolo bianco che, in realtà, non esiste. La nostra mente crea qualcosa dal nulla per dare un senso coerente a ciò che appare ai nostri occhi. È un triangolo che non è mai stato messo volontariamente nella composizione della figura, proprio come il gatto nella scatola non è vivo né morto fino a che non lo osserviamo.

La lezione della psicologia della Gestalt è chiara: non siamo mai semplici spettatori della realtà. Ne siamo co-creatori.

La lezione della psicologia della Gestalt è chiara: non siamo mai semplici spettatori della realtà. Ne siamo co-creatori.

La psicologia cognitiva.

La psicologia cognitiva, sviluppatasi a metà del XX secolo, ha aggiunto ulteriori dettagli a questa visione. Secondo studiosi come Ulric Neisser, padre della psicologia cognitiva moderna, la percezione non è mai un processo passivo. Il cervello non si limita a ricevere informazioni. Esso rielabora, seleziona e completa ciò che manca, proprio come un regista che monta un film.

Un aneddoto illuminante, in questo senso, proviene dai lavori di Frederic Bartlett, famoso psicologo britannico nel campo della memoria. Bartlett condusse negli anni Trenta un esperimento in cui le persone leggevano una storia appartenente a una cultura molto diversa dalla loro, quella dei nativi americani. Quando veniva chiesto di ricordarla, i soggetti ricostruivano inconsapevolmente i dettagli, sostituendo gli elementi che non capivano con quelli della loro tradizione culturale. Ad esempio, un particolare rituale descritto nel racconto diventava improvvisamente una "messa" per lettori occidentali.

Questo ci porta a un punto essenziale. L'esperienza personale, la cultura e l'immaginazione influenzano ciò che vediamo, ciò che ricordiamo e, in un certo senso, ciò che "è reale" per noi. Come diceva Einstein:

"La realtà è solo un'illusione, sebbene molto persistente".

Tutto ciò ci riconduce al Gatto di Schrödinger e al paradosso della fisica quantistica. La percezione, sia a livello quantistico che umano, non è mai un semplice "guardare dentro la scatola". L'atto di osservare implica sempre una rielaborazione da parte della mente. Non vediamo mai "il gatto", vediamo la nostra interpretazione del gatto.

In tutto ciò, la psicologia offre un avvertimento: non fidarti ciecamente di ciò che osservi. La mente umana non è una telecamera, ma una lente creativa. Come in un'opera teatrale, noi partecipiamo attivamente alla costruzione del mondo che percepiamo. E nel fare ciò, partecipiamo – proprio come nella meccanica quantistica – alla creazione stessa della realtà.

Tendere un filo tra la fisica quantistica, la filosofia e la psicologia non è solo un gioco intellettuale. È un invito a guardare il mondo con occhi più consapevoli. Lo stesso Paradosso del Gatto e i contributi della psicologia moderna ci ricordano che l'osservatore, che sia uno scienziato, un filosofo o una persona qualunque, non è mai inerte. Osservare significa creare.

Un enigma ancora aperto.

Oggi, il gatto di Schrödinger vive nell'immaginazione collettiva come simbolo di paradossi e misteri. Eppure, dietro la sua storia si cela la più antica delle domande: cosa è reale? La fisica quantistica suggerisce che la risposta potrebbe risiedere nella coscienza dello spettatore, un'idea che continua a far discutere scienziati, filosofi e artisti. In fondo, ogni volta che alziamo gli occhi per osservare il cielo notturno, siamo anche noi, almeno un po', creatori del cosmo che vediamo.

Come scrisse Marcel Proust nel suo libro "Alla ricerca del tempo perduto":

"Il vero viaggio di scoperta non consiste nel cercare nuove terre, ma nell'avere nuovi occhi".

E forse quei nuovi occhi, come nel caso del gatto di Schrödinger, non osservano soltanto l'universo, ma lo rendono possibile.

Albert Einstein rigettò con forza questa idea. La sua celebre teoria:

"La luna è lì anche se non la guardo",

riassume il suo scetticismo verso una realtà dipendente dall'osservazione. Ma prove sperimentali, come l'esperimento della doppia fenditura, sollevano dubbi. In questo test cruciale, la luce si comporta a volte come onda, a volte come particella, a seconda che qualcuno osservi il fenomeno. Il risultato sembra trasmettere un messaggio surreale: il comportamento della materia è influenzato dall'atto del guardare.

Il confine tra fisica e metafisica.

La questione del ruolo dell'osservatore tocca profondamente la metafisica. Se il mondo esistesse indipendentemente dal soggetto osservante, il paradosso del Gatto di Schrödinger perderebbe parte del suo impatto concettuale. Un parallelismo interessante si trova nelle culture orientali, dove la nozione del vuoto predomina. Nel buddismo zen, per esempio, l'osservatore e l'osservato vengono percepiti come due aspetti della stessa realtà fluida e interconnessa.

Questa prospettiva somiglia sorprendentemente all'interpretazione partecipativa della fisica quantistica, sostenuta da John Wheeler. Nel 1978, Wheeler propose che gli osservatori dell'universo (cioè, noi) contribuiscano, paradossalmente, alla sua formazione retroattiva.

Questa visione, benché affascinante, non soddisfa tutti. Roger Penrose, brillante matematico e fisico, cerca spiegazioni più concrete. Penrose postula che il collasso della funzione d'onda potrebbe essere un processo fisico oggettivo, indipendente da chi osserva. Per lui, la gravità svolgerebbe un ruolo in questa dinamica. Ciò sposta l'argomentazione dalla mente umana all'universo stesso, suggerendo che la realtà esiste come entità autonoma, ma con leggi che restano misteriose.

Dai laboratori al mondo quotidiano.

Per rendere tangibile il dibattito, vale la pena tornare ai paradossi concreti. Nel 2019, un team guidato dal fisico Massimiliano Proietti effettuò un esperimento che mise in crisi le intuizioni ordinarie. Gli scienziati esplorarono una versione del paradosso del Gatto di Schrödinger su scala quantistica, rivelando che due osservatori possono registrare simultaneamente realtà contraddittorie. Gli esperimenti sembrano dire che l'osservatore non è solo parte passiva, ma cospira con il fenomeno osservato per creare "una" realtà.

Verità diverse per osservatori diversi?

Nel cuore del paradosso del Gatto di Schrödinger c'è una domanda fondamentale: qual è il ruolo dell'osservatore nella costruzione della realtà?

Nel 2019, un esperimento condotto da un gruppo di fisici guidati da Massimiliano Proietti, al laboratorio Heriot-Watt di Edimburgo, ha offerto una risposta che scuote le nostre certezze. Utilizzando una versione moderna della celebre metafora del gatto, gli scienziati hanno dimostrato che due osservatori possono percepire realtà contraddittorie nello stesso momento e nello stesso esperimento quantistico.

Nell'esperimento, i ricercatori hanno usato una configurazione quantistica avanzata basata su fotoni: particelle di luce. Queste particelle sono state manipolate per creare uno stato che coinvolgeva la sovrapposizione, una peculiarità del mondo quantistico.

Come il gatto di Schrödinger, ogni fotone era in una sorta di "limbo", uno stato ambiguo che, osservato da un osservatore, poteva essere interpretato in due modi opposti.

Nel sistema progettato da Proietti, un osservatore poteva concludere che un evento era accaduto. Un altro, invece, poteva affermare che non era mai avvenuto. Entrambi avevano ragione all'interno del loro rispettivo "quadro di riferimento". Ciò che è sorprendente è che questi osservatori non erano all'oscuro di ciò che stava accadendo: la loro esperienza era semplicemente inconciliabile.

L'esperimento di Proietti non è un caso isolato. Già nel 1961, il fisico Hugh Everett III aveva avanzato l'idea dell'"interpretazione a molti mondi". Secondo Everett, ogni risultato possibile di un'osservazione quantistica si materializza, ma in universi separati. L'esperimento del 2019, però, ci spinge oltre. Non si parla di mondi paralleli che non interagiscono, ma dell'esistenza di verità simultanee.

Questo ci riporta a una domanda filosofica centrale: cos'è la realtà? Si può ancora parlare di una realtà unica e condivisa? L'esperimento sembra confermare un'intuizione: la realtà può dipendere dall'interazione tra l'osservatore e il mondo osservato.

Il lavoro di Proietti non è solo un esempio di scienza di frontiera, ma anche un invito a ripensare il nostro ruolo come osservatori. Se la realtà è in parte plasmata da chi la osserva, ogni esperienza diventa un intreccio unico e irripetibile di percezione e oggettività.

L'esperimento del 2019 ha posto una sfida filosofica: esiste una realtà indipendente da chi la osserva? O siamo destinati a confrontarci con una verità che dipende sempre e comunque dall'atto di osservare? Queste domande non sono nuove, ma la fisica moderna ci costringe a riformularle in modi che superano le intuizioni dei filosofi del passato.

Massimiliano Proietti e il suo team hanno aperto una porta verso il mistero. E forse, come nel caso del gatto di Schrödinger, la soluzione al paradosso non sta nell'interno della scatola, ma nell'atto stesso di guardarla. Una scatola che, oggi più che mai, ci invita a esplorare i confini della realtà.

Ma cosa significa tutto questo per il nostro mondo macroscopico, fatto di alberi, case e strade? La scienza non lo sa ancora. Alcuni credono che la meccanica quantistica riguardi solo il regno microscopico. Altri, come il fisico Carlo Rovelli, vedono nell'interazione tra osservatore e mondo una nuova finestra epistemologica, capace di ridefinire il nostro modo di conoscere.

Forse, la domanda non ha risposta definitiva. La suggestionante immagine del Gatto di Schrödinger ci costringe a convivere con l'incertezza, spingendoci a esplorare i limiti stessi della nostra conoscenza. Il confine tra il mondo indipendente e quello "osservato" resta sfocato. Forse, allora, il paradosso non ci parla (solo) del gatto nella scatola, ma degli occhi che lo guardano—e delle menti che cercano di comprenderlo.

Il paradosso di Schrödinger e il "peso"
dell'osservazione"

Il gatto di Schrödinger nasce come critica alla meccanica quantistica. Finché nessuno osserva il gatto, esso rimane in una sovrapposizione di stati: vivo e morto contemporaneamente. Ma chi rompe questa ambiguità? Chiaramente, l'osservatore.

In meccanica quantistica, l'atto di osservare una particella, ad esempio la sua posizione o velocità, influisce direttamente sul suo stato. Il fisico tedesco Werner Heisenberg, con il suo celebre principio di indeterminazione, mostrò questo handicap: non possiamo misurare con precisione alcune proprietà senza disturbare il sistema. Qui, l'osservatore non si limita a guardare: interviene.

Negli anni '60, il fisico e matematico ungherese Eugene Wigner portò la questione a un livello ancora più radicale. Secondo Wigner, la coscienza umana potrebbe essere il fattore cruciale che determina la realtà. Se la particella quantistica collassa in uno stato definito soltanto quando viene osservata, chi è il vero osservatore? Wigner suggerì che una macchina o uno strumento potrebbero non bastare: ci vuole una mente cosciente.

Un famoso esperimento mentale di Wigner esplora questa idea. Immaginate un amico chiuso in un laboratorio intento ad "osservare" lo stato di una particella quantistica. Per Wigner, ciò che il collega vede è per lui reale. Ma finché Wigner stesso non osserva l'amico, persino il collega potrebbe essere in una sorta di "sovrapposizione" di stati. Una cascata di osservazioni, in cui la coscienza gioca un ruolo centrale.

Le idee di Wigner hanno ricevuto critiche e discussioni accese. Alcuni le considerano un ritorno al dualismo cartesiano, quella separazione tra mente e materia che la fisica moderna cercava di superare. Tuttavia, queste teorie conservano un fascino unico. Accendono il dibattito sul perché l'osservatore dovrebbe contare più della macchina che misura.

Capitolo IV. Implicazioni filosofiche e metafisiche.

"Il gatto di Schrödinger ci ricorda che l'universo quantistico non è un territorio passivo; è un luogo in cui l'osservatore determina il destino."
(John Archibald Wheeler).

La questione del realismo e del materialismo.

Tra i molti interrogativi sollevati dal paradosso del Gatto di Schrödinger, quello che tocca il realismo materialista è forse il più affascinante e destabilizzante. Il realismo materialista, in filosofia, sostiene che la realtà esiste indipendentemente dall'osservatore. Le cose sono ciò che sono, oggetti concreti e dotati di proprietà definite, a prescindere dalla nostra percezione. Ma Schrödinger, con il suo celebre esperimento mentale, ha obbligato la comunità scientifica e filosofica a riconsiderare questa certezza.

Il gatto: vivo, morto, o... entrambe le cose?

Nel 1935, Schrödinger progettò il suo paradosso per illustrare una delle implicazioni più sconcertanti della meccanica quantistica. Secondo l'interpretazione di Copenaghen, proposta da Niels Bohr e altri, un sistema quantistico esiste in una sovrapposizione di stati fino a quando un osservatore non ne determina lo stato definitivo. Possiamo davvero sostenere che abbia senso parlare di un gatto "vivo e morto" nello stesso istante? Oppure l'atto stesso dell'osservazione crea una realtà definitiva?

La crisi del realismo materialista

Schrödinger stesso non era convinto della possibilità di applicare le regole della meccanica quantistica agli oggetti macroscopici. La diatriba si inserisce in un contesto più ampio. Albert Einstein, per esempio, condivideva una visione simile e considerava la sovrapposizione un problema non risolto. Nel 1935, con Boris Podolsky e Nathan Rosen, Einstein pubblicò l'esperimento mentale noto come *EPR Paradox*. Questo suggeriva che la fisica quantistica fosse "incompleta", poiché implicava che la realtà dipendesse dall'osservatore.

Bohr rispose con fermezza, difendendo l'idea che la realtà quantistica non si potesse comprendere usando categorie classiche. Secondo il fisico danese, non si poteva parlare di "ciò che esiste" senza includere l'osservatore come parte integrante del sistema.

Nel Novecento, il materialismo era largamente accettato come base del pensiero scientifico. Ma il paradosso del gatto ha evidenziato i limiti di questa visione. Se la determinazione della realtà di un oggetto dipende dall'intervento di un osservatore, allora possiamo ancora parlare di una realtà oggettiva e indipendente? Oppure dobbiamo accettare che la realtà sia ontologicamente "indeterminata" fino all'interazione?

La vera rivoluzione del Gatto di Schrödinger non si limita tuttavia alla fisica. Il suo esperimento mentale è un ponte tra scienza e filosofia, un invito a considerare il misterioso confine tra quello che sappiamo e quello che è. È anche un monito per il realismo materialista. Forse, la fede in una realtà oggettiva e indipendente si basa più sul nostro desiderio di certezza che su un effettivo riscontro scientifico.

In definitiva, il gatto nella scatola ci costringe a rivedere i confini della realtà stessa. E, in un certo senso, a interrogarci su una questione vecchia di secoli: la realtà esiste davvero, o dipende da noi per essere reale?

La questione del realismo e del materialismo.

La metafisica del Gatto di Schrödinger ci pone davanti a una delle questioni più sfidanti della filosofia moderna: che cos'è la realtà? Il paradosso del gatto, concepito da Erwin Schrödinger nel 1935, non si limita a essere un esercizio teorico di fisica quantistica. È piuttosto un potente specchio filosofico, capace di riflettere alcune tra le più antiche domande dell'umanità. Questo enigmatico esperimento mentale, che illustra la sovrapposizione quantistica attraverso l'immagine provocatoria di un gatto sospeso tra la vita e la morte, può essere messo a confronto con due grandi visioni filosofiche del passato: la *Teoria delle Idee* di Platone e l'*Idealismo Trascendentale* di Immanuel Kant.

La doppia natura del gatto e il mondo delle Idee di Platone.

Immaginate Platone che spiega la sua "Teoria delle Idee". Siamo nell'Accademia di Atene, intorno al IV secolo a.C. Per il filosofo greco, tutto ciò che esiste nel mondo sensibile non è che una copia imperfetta dell'autentica realtà. Questa, secondo lui, risiede nel mondo delle Idee, un regno immutabile dove dimorano le essenze perfette di ogni cosa. Gli oggetti che vediamo e tocchiamo non sono altro che ombre del reale, come le figure proiettate su una parete nella famosa allegoria della caverna.

Ora introduciamo il gatto, ma non un gatto qualsiasi: il Gatto di Schrödinger. Qui però le discipline si mescolano. Da una parte la filosofia antica, dall'altra la fisica quantistica del XX secolo. Schrödinger, nel 1935, immaginò un esperimento mentale per descrivere la paradossalità della meccanica quantistica. Il gatto, chiuso in una scatola, esiste in una condizione di sovrapposizione: è vivo e morto allo stesso tempo finché qualcuno non apre la scatola per verificarlo. Questo paradosso, pur appartenendo al mondo della fisica moderna, si presta a un sorprendente parallelo con le Idee di Platone.

Nel mondo sensibile, il gatto è un oggetto imperfetto, soggetto al tempo e agli eventi. Muore, vive, esiste in una condizione mutevole e ambigua. Ma nel mondo delle Idee, suggerirebbe Platone, esiste un'"*Idea di Gatto*" perfetta. Questa Idea non è né viva né morta, né giovane né vecchia: è un'essenza immutabile, un archetipo che rappresenta l'essere "gatto" nella sua forma pura. Non importa se un gatto specifico è vivo o morto. Queste sono condizioni del mondo sensibile, che non toccano l'essenza della sua "gattità".

L'Idea, secondo Platone, non ha bisogno delle condizioni particolari della realtà per essere ciò che è. Questo ricorda la condizione del gatto quantistico di Schrödinger: quello che vediamo dipende dal nostro osservare. Tuttavia, si potrebbe immaginare che, per un Platone quantistico, l'Idea del gatto esiste indipendentemente dal nostro osservare e trascende gli stati concreti del mondo fisico.

Possiamo portare questo ragionamento un passo oltre con un'altra metafora platonica: l'allegoria della caverna. I prigionieri nella caverna vedono solo ombre degli oggetti reali, ma sono convinti che quelle ombre siano la realtà stessa. Platone usa questa immagine per dire che la conoscenza sensibile è solo un riflesso della verità più alta. Allo stesso modo, il gatto quantistico nella scatola è ciò che vediamo nella nostra caverna moderna. È una sovrapposizione di stati, un paradosso che sfida la nostra esperienza quotidiana e che ci obbliga a cercare un livello più alto di comprensione. Una simile riflessione, unita alla fisica, potrebbe forse portare Platone a ridefinire persino il confine tra il visibile e l'ideale.

Esemplificando, potremmo concludere che il "Gatto di Schrödinger platonico" non è altro che un invito a vedere oltre la realtà sensibile. Vi sono sempre stadi superiori di verità, che non possono essere colti con i sensi ma soltanto con la mente e la ragione. Forse Platone avrebbe trovato sorprendente questo gatto quantistico, sospeso fra più possibilità. Ma avrebbe riconosciuto in esso un messaggio familiare e profondo: che il mondo reale è solo il riflesso di una perfezione che esiste altrove.

La realtà "oltre l'apparenza". Altri pensatori.

Sebbene Platone sia il filosofo più emblematico nel collegare l'idea di una realtà ideale a un livello superiore rispetto a quella sensibile, il tema della realtà "oltre l'apparenza" ha appassionato molti pensatori lungo la storia, alcuni dei quali potrebbero essere messi in dialogo con concetti moderni come la sovrapposizione quantistica. Anche se nessuno di loro ha affrontato direttamente il fenomeno quantistico (che emergerà solo con la fisica del XX secolo), possiamo tracciare paralleli interessanti tra le loro visioni filosofiche e il concetto di realtà ideale o molteplice.

Aristotele e l'atto-potenza

Aristotele, discepolo di Platone, abbandonò l'idea del mondo delle Idee separato dalla realtà sensibile, ma propose qualcosa che risuona con la sovrapposizione quantistica: il rapporto tra potenza e atto. Per Aristotele, ogni cosa ha una "potenzialità" (ciò che potrebbe essere o diventare) e un "atto" (ciò che è nel momento presente). Ad esempio, una ghianda ha in potenza la forma di una quercia, anche se al momento non la possiede in atto. Questo concetto sembra richiamare la sovrapposizione quantistica, dove un sistema fisico non è riducibile a uno stato "definito" fino a quando non avviene un'osservazione che lo porta "in atto". In termini aristotelici, il sistema quantistico nella sovrapposizione vive in uno stato di pura potenzialità fino a quando un evento (l'osservazione) lo concretizza in una realtà attuale.

Cartesio e la "scissione" tra mente e materia.

Nel XVII secolo, René Descartes, fondatore del razionalismo moderno, introdusse la distinzione tra *"res cogitans"* (la sostanza pensante) e *"res extensa"* (la sostanza estesa, ovvero il mondo fisico). Questa visione dualistica suggerisce che la realtà fisica e quella mentale sono due domini separati. Sebbene Cartesio non abbia mai trattato la sovrapposizione quantistica, la sua idea che la conoscenza del mondo fisico dipenda dalla mente umana potrebbe essere accostata alla meccanica quantistica. Nella fisica quantistica, un sistema si "decide" solo nel momento dell'osservazione, suggerendo che l'atto mentale di osservare giochi un ruolo determinante nella realtà fisica. La sovrapposizione di stati potrebbe quindi richiamare il dualismo cartesiano: i due stati (vivo/morto, particella/onda) esistono simultaneamente, ma il loro "essere" dipende da come pensiamo il sistema e da come vi ci rapportiamo.

Leibniz e i mondi possibili.

Gottfried Wilhelm Leibniz, contemporaneo di Cartesio, propose una visione della realtà basata sui mondi possibili. Secondo lui, Dio, nella sua infinita saggezza, avrebbe scelto di creare "*il migliore dei mondi possibili*". Ogni cosa che accade nel nostro mondo è collegata a una serie di possibilità che non si sono realizzate. Questo concetto si avvicina a una lettura "plurale" della sovrapposizione quantistica: ogni situazione non osservata potrebbe contenere molteplici stati possibili, corrispondenti a mondi differenti. Solo l'atto dell'osservazione (o in termini leibniziani, la scelta divina di uno specifico mondo) collassa tutte le possibilità in un'unica realtà realizzata.

Hegel e la dialettica degli opposti.

Nel XIX secolo, Georg Wilhelm Friedrich Hegel sviluppò una filosofia dialettica, secondo la quale ogni realtà è il risultato della sintesi di opposti dinamici. Nell'ambito della sovrapposizione quantistica, possiamo interpretare gli stati vivi e morti del gatto di Schrödinger come una sorta di opposizione dialettica: entrambi coesistono e sono parte di una realtà complessa in attesa di essere risolta. La risoluzione avviene al momento dell'osservazione, che ne sintetizza la contraddizione latente.

Kant e l'osservatore che determina la realtà.

Passiamo poi a Königsberg, oggi Kaliningrad, alla fine del XVIII secolo. Immanuel Kant, influenzato dal razionalismo di Descartes e dal criticismo di Hume, pubblica nel 1781 la sua opera fondamentale: la "*Critica della ragion pura*". In essa, Kant introduce il concetto di "*noumeno*" o "*cosa in sé*", cioè la realtà indipendente dalla percezione umana. Secondo Kant, la mente umana non può conoscere questa realtà ultima. Ciò che percepiamo è filtrato dalle strutture cognitive con cui interpretiamo il mondo, come il tempo, lo spazio e la causalità.

Il paradosso di Schrödinger, in questo quadro, assume nuove implicazioni. La condizione del gatto – vivo e morto allo stesso tempo – ci costringe a riflettere sul ruolo dell'osservatore. Nella meccanica quantistica, lo stato del gatto viene determinato solo al momento in cui un osservatore apre la scatola e compie una misurazione. Questo dato sembra entrare in risonanza con il pensiero di Kant: la realtà si rivela solo entro i confini della nostra esperienza e delle nostre categorie mentali.

Ma Schrödinger va oltre. Kant sosteneva che la "*cosa in sé*" fosse irriducibile alla nostra conoscenza. Nella fisica quantistica, tuttavia, l'indeterminazione non si trova solo nei limiti dell'osservazione umana, ma sembra radicata nella natura stessa della realtà. Può la metafisica del gatto suggerire che non esista alcun "*noumeno*" stabile nascosto dietro al caos quantistico? O che forse la realtà cambia, si adatta, si plasma, in base alle interazioni con l'osservatore?

Il Gatto di Schrödinger, inserito in questa riflessione metafisica, ci costringe a navigare tra antiche idee e limiti moderni. Platone ci invita a considerare una realtà ideale, mentre Kant ci avverte della profondità insondabile della "cosa in sé". La fisica quantistica, con il suo gatto misterioso, aggiunge ulteriore complessità. Alla fine, il paradosso non fornisce risposte definitive, ma ci offre una nuova prospettiva sul mistero della realtà. E, come direbbe Borges:

"Forse la realtà non è altro che il sogno di qualcuno che sta sognando noi".

Filosofi contemporanei e l'integrazione con la fisica quantistica.

Con l'avvento della meccanica quantistica nel XX secolo, alcuni filosofi si sono interrogati sulle sue implicazioni ontologiche:

Heisenberg, il fisico-filosofo che formulò il principio di indeterminazione, si ispirò alle idee di Platone per descrivere le particelle atomiche come "forme" potenziali. Disse che le entità quantistiche non sono cose osservabili in sé, ma un'interazione tra l'osservatore e il sistema studiato.

Alfred North Whitehead propose una visione della realtà come processo, in cui ogni evento è in continua evoluzione. La sovrapposizione quantistica potrebbe essere letta come uno stato in cui il processo non è ancora concluso, rimandando a una continua creazione della realtà.

Molti altri filosofi hanno esplorato concetti che somigliano alla sovrapposizione quantistica, trattando la molteplicità o l'ambiguità del reale e il ruolo della nostra mente nel comprenderlo. Sebbene Platone offra il caso più noto di realtà ideale, altri come Aristotele, Cartesio, Leibniz, Kant e Hegel aprono riflessioni interessanti sull'interazione tra potenzialità, osservazione e realtà. La fisica quantistica moderna sembra quindi intrecciarsi intimamente con domande filosofiche antiche, suggerendo che i misteri della scienza e della filosofia spesso orbitano intorno allo stesso nucleo di verità non ancora pienamente afferrabili.

L'immagine del Gatto di Schrödinger, quindi, sembra mettere in discussione il rapporto tra il mondo mutevole della fisica e una possibile realtà metafisica immutabile, come quella suggerita da Platone. Ma mentre Platone affermava che il mondo delle Idee è superiore alla realtà percepibile, Schrödinger ci mostra un universo dove la realtà stessa appare frammentata e indeterminata.

Libertà e determinismo nella fisica quantistica.

L'approccio materialista.

L'approccio materialista alla coscienza considera i fenomeni mentali come il risultato di processi fisici nel cervello, senza bisogno di postulare entità immateriali o dualiste. Tuttavia, il paradosso del gatto di Schrödinger introduce una sfida filosofica ed epistemologica a questa visione quando si esplorano le possibili interazioni tra la coscienza e la realtà quantistica.

Secondo il paradosso di Schrödinger, il collasso della funzione d'onda – il passaggio da una sovrapposizione quantistica di stati a un singolo stato osservabile – sembra implicare un ruolo speciale dell'osservatore. In alcune interpretazioni della meccanica quantistica, come quella collegata agli approcci idealisti o alla teoria della "coscienza collassante", si afferma che la presenza della coscienza è essenziale per determinare la realtà.

In particolare, in connessione con le visioni idealiste, alcuni sostengono che la coscienza sia il fattore decisivo nella realtà. Secondo questa teoria, nota informalmente come "la coscienza collassa la funzione d'onda," o "coscienza collassante", un sistema quantistico rimane in uno stato indefinito (o sovrapposto, come il gatto vivo e morto) fino a quando un osservatore dotato di coscienza non lo percepisce. In quel momento, l'osservazione porta al "collasso" della funzione d'onda, trasformando il ventaglio di possibilità in una sola realtà concreta.

Questa idea evidentemente in contrasto con il materialismo, che attribuisce un ruolo esclusivo ai processi fisici.

Gli approcci materialisti, tuttavia, tendono a interpretare il paradosso in modi diversi. Molti fisici seguono interpretazioni come quella di Copenhagen o del "*modal realism*", dove il collasso è puramente fisico oppure si basa sull'interazione con un sistema macroscopico, ignorando il ruolo della coscienza. L'interpretazione a molti mondi (*Many-Worlds*), ad esempio, elimina il problema del collasso, sostenendo invece che tutti gli stati quantistici esistono, ma in realtà parallele. In questo quadro, l'idea di coscienza come qualcosa di separato dalla materia è del tutto superflua; essa è una proprietà emergente del funzionamento cerebrale, che evolve in uno dei molteplici mondi senza "modificare" la realtà.

La tensione tra materialismo e il paradosso, dunque, si manifesta principalmente nei tentativi di rispondere alla questione del "collasso" e del ruolo dell'osservatore. Se si accettano spiegazioni che non richiedono l'intervento della coscienza nel collasso, come fanno molti materialisti, non c'è incompatibilità diretta. Tuttavia, se si analizzano interpretazioni che attribuiscono un ruolo centrale alla coscienza, allora sorgono questioni che potrebbero richiedere una revisione dell'approccio strettamente materialista. Questi dibattiti mettono in evidenza il limite delle nostre attuali comprensioni sia della natura della coscienza che della realtà quantistica.

In sintesi, mentre il materialismo cerca di spiegare la coscienza come un fenomeno emergente dai processi fisici, le implicazioni del paradosso di Schrödinger aprono interrogativi su quanto sia possibile comprendere completamente la realtà senza tenere conto del ruolo (se esiste) della coscienza negli eventi quantistici. Questi interrogativi rimangono al centro del dibattito filosofico e scientifico e spingono verso approcci interdisciplinari che intrecciano fisica, neuroscienze e filosofia.

Gli aspetti non deterministici della meccanica quantistica rappresentano uno dei più affascinanti e controversi baluardi del dibattito filosofico contemporaneo. Essi mettono in discussione un'idea secolare: che l'universo sia interamente predeterminato. Attraverso la lente della fisica quantistica, ci troviamo di fronte a un mondo che non risponde più all'immagine rassicurante di un "meccanismo perfetto", ma che sembra ribollire d'incertezza e libertà.

Tra gli esempi più emblematici di questa rivoluzione concettuale troviamo il famoso "Gatto di Schrödinger". Il gatto, chiuso in una scatola, si trova in una condizione di superposizione: vivo e morto nello stesso momento, fino a che qualcuno non osserva il sistema. Questo esperimento mentale non è solo un gioco intellettuale, ma un ritratto della natura probabilistica della meccanica quantistica.

Per comprendere il cuore del problema, dobbiamo tornare al *Principio di Indeterminazione*, formulato da Werner Heisenberg nel 1927. Heisenberg dimostrò che esiste un limite fondamentale nella nostra capacità di conoscere contemporaneamente alcune proprietà delle particelle, come la posizione e la velocità. Ogni misura si porta dietro un'incertezza intrinseca, che non dipende dalla precisione degli strumenti, ma dalla natura stessa della realtà. Questa scoperta spazzò via il determinismo rigido della meccanica classica di Isaac Newton, dove tutto, almeno in teoria, poteva essere calcolato con anticipo conoscendo sufficientemente i dati iniziali.

La meccanica quantistica, al contrario, afferma che non si può prevedere con certezza assoluta il comportamento delle particelle. Si possono calcolare soltanto le probabilità di determinati risultati.

Einstein, fedele convinto del determinismo, non accettò mai del tutto questa visione. Per lui, l'idea che la natura fosse governata dal caso era inaccettabile. Tuttavia, la maggior parte degli esperimenti successivi ha confermato che il caso – o meglio, la probabilità – gioca un ruolo centrale nel mondo quantistico. Una svolta decisiva avvenne nel 1964, quando il fisico John Bell formulò un teorema che dimostrava come le variabili nascoste, ossia un ipotetico meccanismo deterministico di fondo, non potessero spiegare certi fenomeni quantistici. Le sue conclusioni furono verificate negli anni successivi grazie agli esperimenti di Alain Aspect, negli anni Ottanta, in laboratorio a Parigi.

Il non-determinismo apre dunque profonde riflessioni in ambito filosofico e metafisico. Se l'universo non è predeterminato, che fine fa la nostra idea di destino? Il filosofo francese Henri Bergson già nel XX secolo propose la visione di un "universo in divenire", dove la temporalità e la libertà giocano ruoli centrali. Sebbene le posizioni di Bergson non siano direttamente legate alla meccanica quantistica, le sue intuizioni appaiono oggi straordinariamente moderne alla luce delle scoperte scientifiche.

In ambito culturale, l'idea di un universo non deterministico ha influenzato opere letterarie, cinematografiche e artistiche. Ad esempio, il romanzo *"La casa degli spiriti"* di Isabel Allende o il film *"Sliding Doors"* esplorano, in modi diversi, il concetto di biforcazione delle possibilità, evocando indirettamente il carattere probabilistico della realtà.

Siamo ormai lontani dalla certezza cartesiana di un universo prevedibile e ordinato. Come ci ammonisce la meccanica quantistica, il mondo sembra più vicino a una "rete di possibilità" che a un destino scolpito nella pietra. È forse questa un'apertura verso la libertà? O un'incognita che destabilizza la nostra comprensione dell'esistenza? Qualunque sia la risposta, il viaggio alle frontiere della realtà ha appena iniziato a danzare sui dadi lanciati da un improbabile giocatore cosmico.

Libertà e determinismo nella fisica quantistica.

Quando Schrödinger ideò il paradosso del suo celebre gatto, lo fece per mettere in crisi una certa lettura della meccanica quantistica. La scatola contenente il gatto – vivo e morto allo stesso tempo – non rappresentava solo un problema fisico, ma anche filosofico. Perché? Perché sollevava una domanda fondamentale: l'universo è davvero deterministico, come sosteneva il mondo classico, o contiene un margine di indeterminatezza? Questa non è una questione solo per scienziati: riguarda chi siamo, il nostro libero arbitrio e la natura stessa della realtà.

Fino all'inizio del XX secolo, la scienza si fondava su un'idea semplice e potente: il determinismo. Laplace, matematico e astronomo francese, lo esemplificò nel suo famoso "*demone*". Questo ipotetico essere, conoscendo tutte le posizioni e le velocità delle particelle dell'universo, avrebbe potuto prevedere con assoluta precisione ogni evento futuro e ricostruire ogni passato. Era la visione di un universo perfettamente ordinato, governato da leggi immutabili. In questo quadro, non c'era spazio per la libertà. Il futuro era già scritto, come una scena di teatro che gli attori si limitano a recitare.

La fisica quantistica, però, ha ribaltato questa concezione. Con la scoperta del comportamento duale delle particelle e delle leggi probabilistiche che governano il mondo subatomico, l'idea di prevedibilità assoluta è crollata. L'*Uncertainty Principle* di Heisenberg, enunciato nel 1927, dichiara l'impossibilità di misurare simultaneamente posizione e velocità di una particella con precisione infinita. Non è solo un limite tecnico: è una realtà intrinseca. Questo ha segnato la rottura con l'idea classica di un universo deterministico.

Dio gioca a dadi?

Albert Einstein, che pure fu uno dei padri della meccanica quantistica, non accettò mai completamente questa rivoluzione. Celebre è la sua frase: "Dio non gioca a dadi con l'universo". Einstein era convinto che la natura seguisse ancora leggi deterministiche, anche se sfuggivano alla nostra comprensione. Tentò di dimostrarlo ipotizzando l'esistenza di "variabili nascoste", cioè fattori che avrebbero potuto restituire ordine e prevedibilità ai comportamenti apparentemente casuali delle particelle.

Nel 1964, però, John Bell pubblicò un teorema che cambiò tutto. Il "*Bell's Theorem*", accompagnato dagli esperimenti effettuati negli anni '80 da Alain Aspect, dimostrò che le variabili nascoste non possono spiegare il comportamento quantistico. La natura è intrinsecamente probabilistica.

Ma cosa c'entra tutto questo con il libero arbitrio? Se la realtà non è completamente determinata, c'è spazio per la nostra libertà? La risposta non è semplice, ma i collegamenti culturali sono affascinanti. La filosofia di Sartre, con la sua esaltazione del libero arbitrio, può trovare un parallelo nella fisica quantistica. Per Sartre, l'essere umano è condannato a essere libero: non esistono scuse che ci liberino dalla responsabilità delle nostre scelte. Similmente, la meccanica quantistica sembra introdurre una forma di apertura nell'andamento dell'universo, una libertà da catene necessarie.

Eppure, non dobbiamo illuderci. L'indeterminatezza quantistica non equivale a una libertà cosciente. Quando il gatto di Schrödinger risulta "vivo" o "morto" alla nostra osservazione, il risultato è casuale, non scelto. Il libero arbitrio umano, invece, implica intenzionalità, una sfumatura che la fisica, da sola, non può spiegare.

Il confine metafisico della realtà.

La crisi del determinismo classico e l'avvento della probabilità quantistica hanno unito fisica e filosofia in un'unica indagine: quali sono i confini della realtà? A Vienna, nei caffè frequentati da intellettuali come Schrödinger e Freud, si discuteva di un universo complesso, in cui la scienza si intrecciava con la psiche umana. Quel dibattito continua ancora oggi. Esplorare i confini della realtà significa non solo comprendere le particelle, ma anche riflettere su di noi stessi: siamo veramente liberi o siamo solo il risultato di leggi caotiche, che si nascondono sotto un'apparente armonia?

La fisica quantistica non risponde direttamente a questa domanda, ma ci offre una lezione preziosa: la realtà non è così semplice come la immaginavano Laplace o Newton. È più sfumata, più enigmatica, più vicina alla metafisica e alla poesia di quanto avremmo mai pensato.

Interpretazioni alternative. La teoria dei moli mondi.

Tra i fondamenti più affascinanti della fisica quantistica si trova il paradosso del Gatto di Schrödinger, una "singolare creatura" a metà tra vita e morte, simbolo dei gravi dilemmi del realismo scientifico. Questo felino immaginario non è solo una costruzione teorica: il suo mistero si estende ben oltre la fisica. Tocca temi profondi che intrecciano scienza e filosofia, dove il confine tra ciò che definiamo reale e ciò che resta ipotetico si fa ambiguo. Tra le interpretazioni che tentano di risolvere la questione spicca la *"Interpretazione a Molti Mondi"* di Hugh Everett.

La teoria di Everett: infiniti universi, infinite possibilità.

Il 1957 segna una svolta storica. Hugh Everett III, giovane fisico americano appena ventisettenne, presenta una tesi destinata a rivoluzionare la comprensione della meccanica quantistica. Everett non è interessato ad accettare una visione che molti suoi contemporanei ritengono insoddisfacente: quella fornita dall'interpretazione della "collasso della funzione d'onda", sostenuta dalla Scuola di Copenaghen sotto la guida di Niels Bohr. Secondo questo modello, gli stati quantistici "collassano" in un unico risultato ogni volta che vengono osservati, come se la natura fosse costretta a "scegliere".

Everett propone un'idea radicale: non esiste alcun collasso. Ciò che chiamiamo realtà non si limita a un solo risultato. Ogni volta che un evento quantistico si verifica, l'universo si divide in molteplici versioni di sé stesso, ciascuna corrispondente a un possibile esito. In uno di questi universi, per esempio, il gatto è vivo. In un altro universo, il gatto è morto. Ogni possibilità trova la propria concretizzazione, dando vita a un numero infinito di universi paralleli.

Questa teoria, che oggi conosciamo come "*Interpretazione a Molti Mondi*", affascina e spaventa allo stesso tempo. Il fisico Bryce DeWitt, uno dei principali sostenitori e divulgatori della teoria negli anni '60, descrisse questo panorama come un "albero infinito di realtà divergenti". Un'immagine che richiama la vastità e la complessità del cosmo, sfidando le nostre idee sul libero arbitrio e sull'unicità della vita.

Cosa Significa Essere Realmente "Reali"?

L'interpretazione di Everett non si limita al dominio delle equazioni. Solleva profonde domande filosofiche. Se esistono infiniti universi paralleli, qual è la vera natura delle nostre scelte? Siamo davvero liberi di decidere oppure tutte le possibilità si materializzano comunque, in qualche remoto angolo multiversale?

I filosofi hanno trovato un terreno fertile per riflessioni esistenziali. David Lewis, filosofo del XX secolo, ha sviluppato il concetto di "*realismo modale*", una visione affine secondo cui tutti i mondi possibili sono altrettanto reali quanto il nostro. Questa idea è tanto affascinante quanto destabilizzante. Se ogni possibilità esiste, qual è il valore delle nostre scelte? Esiste davvero una linea che separa il reale dall'immaginario?

Nonostante la sua eleganza e il suo fascino, l'idea dei Molti Mondi resta controversa. Alcuni grandi fisici hanno accolto l'idea con entusiasmo. Stephen Hawking, per esempio, ha fatto riferimento al multiverso come a una possibile spiegazione dell'origine del nostro universo. Altre figure, come Richard Feynman, erano più scettiche, considerando il multiverso un'idea intrigante ma forse non testabile, e quindi ai confini tra scienza e metafisica.

La domanda chiave resta: come possiamo verificare l'esistenza di universi paralleli? Al momento, non c'è modo diretto di farlo. Tuttavia, questo non ha impedito alla teoria di prosperare, grazie alla sua capacità di rispondere a importanti domande sui fondamenti della fisica. Everett stesso, dopo la sua tesi, abbandonò il mondo accademico, apparentemente frustrato dalla mancanza di consenso. Morì nel 1982, senza aver assistito al crescente interesse per la sua straordinaria idea.

L'Interpretazione a Molti Mondi non è solo una teoria fisica. È una sfida al nostro modo di pensare, al nostro senso del reale. Hugh Everett ci ricorda che la realtà è molto più complessa di quanto la percepiamo. Ci invita a esplorare i confini tra la fisica e la filosofia, tra il possibile e l'impossibile. Come scrive il poeta William Blake:

"Vedere un mondo in un granello di sabbia,
e un paradiso in un fiore selvatico,

> *tenere l'infinito nel palmo della mano,*
> *e l'eternità in un'ora."*

La metafisica del Gatto di Schrödinger, in fondo, non è solo un esercizio intellettuale. È un invito a vedere l'universo con occhi nuovi, accettando che, forse, la realtà è ben più grande e misteriosa di quanto potremmo mai immaginare.

Infiniti mondi paralleli.

Uno dei concetti più affascinanti emersi dal paradosso del gatto di Schrödinger è l'interpretazione a molti mondi (*Many-Worlds Interpretation, MWI*). Questa interpretazione sfida il nostro senso del reale. Secondo l'MWI, ogni volta che si verifica una misurazione quantistica, l'universo si biforca, creando copie alternative in cui ogni possibilità prende vita. La realtà, quindi, non sarebbe unica, ma una sorta di "multiverso" composto da infiniti mondi paralleli.

Questa idea si è radicata non solo nella fisica teorica, ma anche nell'immaginario culturale, trovando nella letteratura fantascientifica uno dei suoi terreni più fertili. Tra gli autori che hanno saputo tradurre queste implicazioni in racconti memorabili spicca Philip K. Dick. In particolare, il suo romanzo *"The Man in the High Castle"*, 1962) offre un'impressionante illustrazione narrativa delle possibilità di realtà alternative.

Il romanzo di Dick immagina un mondo in cui l'Asse ha vinto la Seconda guerra mondiale. Gli Stati Uniti sono divisi tra un'occupazione nazista e una giapponese, con paesaggi e società radicalmente trasformati. Al centro della trama emerge un elemento cruciale: un misterioso libro, *"La cavalletta non si alzerà più"*, che descrive un "mondo alternativo" dove gli Alleati hanno vinto la guerra. Questo libro-nel-libro è il pretesto per riflessioni profonde sulle possibilità della realtà e sull'instabilità della percezione umana.

Dick, pur non essendo uno scienziato, esplora in modo intuitivo temi che risuonano con l'interpretazione a molti mondi. Le sue opere rivelano una visione soggettiva e frammentata della realtà, perfettamente compatibile con l'idea del multiverso: mondi paralleli che coesistono senza interagire direttamente ma che influenzano la vita dei personaggi. Nel romanzo, ad esempio, il personaggio femminile di Juliana Frink vive un senso di "dissonanza", come se qualcosa nella sua realtà fosse in qualche modo falso o incompleto. Questa percezione potrebbe essere interpretata, in chiave contemporanea, come un intuire la molteplicità dei mondi ipotizzata dall'MWI.

Tornando all'interpretazione scientifica, MWI propone un'alternativa radicale al cosiddetto "collasso della funzione d'onda", l'idea che una particella quantistica, come il gatto di Schrödinger, si trovi in uno stato unico solo quando osservata. Al contrario, Everett suggerisce che l'osservazione divide il mondo in due rami distinti: in uno, il gatto è vivo; nell'altro, è morto. Nessun ramo è più reale dell'altro. Questa concezione rimuove ogni elemento di casualità, ma ci costringe a ridefinire il concetto di "realtà".

La cultura popolare, grazie a opere come il romanzo di Dick, ha contribuito a rendere tangibile un'idea altrimenti astratta. Dick era un maestro nel creare mondi che si "compenetrano". Tuttavia, il suo scopo non era solo speculativo. La sua letteratura evidenzia una profonda preoccupazione filosofica: cosa rende reale una realtà? E cosa succede quando la percezione viene contaminata o messa in dubbio? Nel suo caso, il tema delle realtà multiple rifletteva anche un'angoscia personale. Dick soffriva di episodi psicotici e visioni, che influenzarono profondamente la sua narrativa, rendendola un percorso individuale e culturale nella comprensione del reale.

Lo stesso Hugh Everett, pur essendo un rigoroso scienziato e non un artista, subì l'influenza del contesto culturale. Gli anni '50 e '60 furono un periodo di sperimentazione mentale, segnato dalla paura della guerra fredda e dalla rottura delle certezze tradizionali sul mondo. La scienza, come la letteratura, si muoveva ai margini del conosciuto, esplorando territori che sfidavano la logica umana.

Un altro elemento interessante nell'opera di Dick è la presenza di "autorità inaffidabili". Il romanzo ci mostra una realtà in cui i personaggi sono perseguitati da regimi che controllano rigidamente la narrazione storica. Questo fa eco alla stessa struttura dell'MWI, dove non c'è un'unica verità oggettiva, ma una molteplicità di possibilità, o "narrazioni", che coesistono. La scoperta del libro alternativo nel romanzo è un perfetto parallelo a come, nell'interpretazione a molti mondi, esistano versioni alternative del mondo che non vediamo, ma che potrebbero influire sulle nostre vite.

La letteratura, come la scienza, ci invita a immaginare non solo cosa è il mondo, ma soprattutto cosa potrebbe essere. E in questo spazio di possibilità, forse, sta il senso più profondo del paradosso del gatto di Schrödinger: non una risposta, ma una domanda in continua evoluzione.

La persistenza del paradosso oggi.

Il paradosso del Gatto di Schrödinger continua a esercitare una straordinaria influenza sulla scienza contemporanea. Non è più solo una provocazione teorica lanciata nel 1935 dal fisico Erwin Schrödinger per evidenziare le stranezze della meccanica quantistica, ma è diventato il simbolo di una frontiera in cui fisica, logica e filosofia si fondono. Oggi, le idee che evocano il paradosso, come la sovrapposizione e l'osservazione, trovano applicazioni pratiche rivoluzionarie in campi come l'informatica quantistica e il teletrasporto quantistico, due aree che potrebbero trasformare il nostro modo di comprendere e interagire con la realtà.

L'informatica quantistica: il computer nei "molti mondi".

Uno degli sviluppi più significativi della scienza quantistica contemporanea è l'informatica quantistica. In questo campo, il concetto di sovrapposizione – evocato simbolicamente dal paradosso del gatto vivo e morto – diventa uno strumento tecnologico. I computer quantistici, infatti, sfruttano i qubit, unità di informazione che, a differenza dei bit classici, possono esistere simultaneamente in una sovrapposizione di stati (0 e 1 allo stesso tempo).

Un esempio pratico di qubit in azione si trova nei progressi di aziende come Google e IBM. Nel 2019, Google annunciò di aver raggiunto la "supremazia quantistica", grazie al processore quantistico Sycamore. Questo computer, nel giro di pochi minuti, risolse un problema che avrebbe richiesto decine di migliaia di anni al più potente computer classico. La metaforica "decisione" del gatto tra la vita e la morte si riflette, nel contesto dell'informatica quantistica, nella capacità di queste macchine di "esplorare" simultaneamente molteplici percorsi di calcolo.

Ma non è tutto. Richard Feynman, il celebre fisico e premio Nobel, intuì già negli anni '80 che il potenziale della quantistica andava ben oltre i limiti della logica classica. Per risolvere problemi complessi, come la simulazione di molecole o reazioni chimiche, solo i computer quantistici avrebbero potuto fornire risposte rapide e precise. Il paradosso del gatto, con la sua sfida ai limiti del pensiero, è alla base di questa rivoluzione.

Se la sovrapposizione ci conduce nel mondo dei computer quantistici, l'entanglement – un altro concetto fondamentale che Schrödinger stesso considerava "il tratto più caratteristico e misterioso della meccanica quantistica" – apre le porte al teletrasporto quantistico.

Nel 2022, un team di scienziati del *Fermi National Accelerator Laboratory*" (Fermilab) ha raggiunto un traguardo storico, stabilendo il record per un teletrasporto quantistico stabile e senza errori su una distanza di 44 chilometri. Il teletrasporto quantistico non implica lo spostamento di materia in senso tradizionale, ma il "trasferimento" istantaneo dello stato quantistico di una particella a un'altra, anche a grandi distanze. Questo esperimento ha inaugurato nuove possibilità per comunicazioni ultrasicure e il futuro di internet quantistico.

In questo contesto, la metafora del gatto di Schrödinger vive nel processo stesso. Gli scienziati "trasportano" lo stato quantistico, ma il valore di quel dato stato rimane indefinito fino all'osservazione, proprio come il destino del gatto dipende dall'apertura della scatola. L'idea sembrava pura fantascienza fino a pochi decenni fa, ma oggi ricercatori come Anton Zeilinger – il premio Nobel per la fisica 2022 – stanno trasformando questa teoria in realtà sperimentale.

Scienza e filosofia a confronto.

Nonostante i successi scientifici, il paradosso del gatto mantiene anche una rilevanza filosofica. I concetti di realtà, osservazione e interpretazione continuano a stimolare dibattiti tra scienziati e filosofi. L'informatica quantistica e il teletrasporto non sono solo tecnologie, ma veri e propri laboratori per esplorare la natura della realtà.

L'interpretazione dei "molti mondi" suggerisce persino che ogni possibile risultato quantistico dia vita a un nuovo universo parallelo. In questo senso, il gatto di Schrödinger non si limita a vivere e morire in uno stato sovrapposto, ma crea due interi mondi distinti: in uno è vivo, nell'altro è morto. La filosofia abbraccia e sfida questi concetti, cercando di comprendere se la realtà sia unica o se viviamo in un multiverso.

Il filosofo David Chalmers sottolinea che questi progressi scientifici non eliminano le questioni fondamentali legate alla coscienza e all'essenza della realtà. La domanda centrale resta: cosa accade quando osserviamo? Siamo solo spettatori passivi o attori che, con la loro osservazione, creano la realtà stessa?

Il paradosso del Gatto di Schrödinger continua a vivere, non solo come esperimento mentale, ma come cuore pulsante di alcune delle più grandi rivoluzioni scientifiche e filosofiche del nostro tempo. Dall'informatica quantistica al teletrasporto, ciò che un tempo sembrava una piccola provocazione intellettuale è ora il motore di grandi scoperte. Quando pensiamo al gatto di Schrödinger, non vediamo solo un esperimento con una scatola, ma un simbolo. È la personificazione delle nostre sfide con l'ambiguità, con l'ignoto e con i confini della realtà stessa. Un mistero che, proprio come il gatto, rimane in attesa di essere osservato.

I "gatti di Schrödinger" del XXI secolo.

Il paradosso del Gatto di Schrödinger, introdotto nel 1935, è ancora oggi un simbolo della stranezza della fisica quantistica e un ponte inquietante tra scienza e filosofia. Nonostante decenni di progresso scientifico, la questione posta dal fisico austriaco (può un sistema trovarsi in una sovrapposizione di stati inconciliabili finché non osservato?) continua a generare dibattiti, esperimenti e nuove scoperte. Oggi, grazie alla tecnologia avanzata, questa metafora ha trovato riscontri concreti in laboratorio, persino su scale macromolecolari.

Un esempio straordinario arriva dal laboratorio di Markus Arndt dell'Università di Vienna. Nel 2019, il suo team è riuscito a creare una condizione simile alla sovrapposizione quantistica nel comportamento di molecole giganti, chiamate "*fullereni*". I fullereni, composti da 60 o più atomi di carbonio, sono di dimensioni sufficientemente grandi da sfidare la nostra intuizione classica. Arndt e i suoi colleghi hanno osservato che queste molecole possono attraversare due fenditure contemporaneamente, come una particella elementare nelle famose esperienze di Young. Questo risultato non è solo una dimostrazione della delicatezza delle leggi quantistiche, ma una finestra su ciò che significa davvero il concetto di "sovrapposizione".

Cosa significa per la realtà macroscopica? Alcuni scienziati ritengono che ampliando ulteriormente questi esperimenti si potrebbe avvicinare il mondo quotidiano ai misteri della meccanica quantistica, dissolvendo il confine tra il microcosmo e il macrocosmo.

Un altro aspetto fondamentale della metafisica del Gatto di Schrödinger è il fenomeno dell'entanglement. Questo termine, introdotto dallo stesso Schrödinger, descrive un legame profondo tra particelle che rimangono collegate anche a grandi distanze. Albert Einstein lo definiva sarcasticamente *"azione spettrale a distanza"*.

Nel 2022, il premio Nobel per la Fisica è stato assegnato a tre ricercatori, Alain Aspect, John Clauser e Anton Zeilinger, per le loro fondamentali scoperte sull'entanglement quantistico. Le loro ricerche hanno dimostrato che le correlazioni tra particelle "entangled" non possono essere spiegate attraverso principi classici o un "realismo locale", ma derivano da una vera relazione quantistica che trascende il tempo e lo spazio. Questi esperimenti hanno confermato il cosiddetto teorema di Bell, formulato negli anni '60 da John

Stewart Bell, che mise alla prova i limiti della meccanica quantistica rispetto alla fisica tradizionale.

Zeilinger, lo "scienziato-filosofo", ha utilizzato il fenomeno dell'entanglement in esperimenti pionieristici, come il teletrasporto quantistico, realizzato per la prima volta nel 1997. Durante questi esperimenti, l'informazione quantistica è stata trasferita istantaneamente tra particelle distanti. Non si tratta di "teletrasportare" oggetti fisici, come nei film di fantascienza, ma di trasferire stati quantistici, rendendo la metafora del Gatto di Schrödinger ancor più tangibile.

In una dichiarazione del 2022, Zeilinger ha osservato:

"Le implicazioni dell'entanglement ci mostrano che dobbiamo ripensare il concetto di realtà. Non possiamo più ignorare il ruolo della nostra osservazione nel definire ciò che esiste".

Oltre la metafisica: combinare il micro e il macro.

Un altro progresso significativo è rappresentato dagli esperimenti sui sistemi superconduttori. Nel 2010, un team dell'Università di Yale, guidato dal fisico Michel Devoret, ha creato una sorta di Gatto di Schrödinger su scala macroscopica. Il gruppo ha utilizzato un circuito superconduttore che esisteva in una sovrapposizione di due stati energetici distinti. A differenza delle particelle elementari, il circuito era grande abbastanza da essere visibile a occhio nudo, un risultato che sarebbe sembrato impossibile solo pochi decenni fa.

Questi risultati hanno implicazioni fondamentali non solo per la fisica, ma per la tecnologia. I qubit, l'unità di base del calcolo quantistico, sfruttano questa proprietà per eseguire operazioni a velocità inarrivabili per i computer tradizionali. Il paradosso del gatto non è più solo una provocazione filosofica: si sta trasformando in una delle pietre angolari della nostra futura società tecnologica.

Le implicazioni filosofiche di questi esperimenti sono tanto profonde quanto le loro applicazioni pratiche. Se il mondo a livello quantistico è definito dalla sovrapposizione di stati e dalle interazioni istantanee tra particelle, come si può conciliare questo con la nostra esperienza quotidiana, dove vediamo oggetti fermi, definiti e privi delle strane "ambiguità" quantistiche?

I fisici e i filosofi continuano a confrontarsi su questo punto. Carlo Rovelli, illustre fisico italiano, propone una visione relazionale della realtà, in cui gli oggetti esistono solo in relazione ad altri oggetti. In termini semplici, un "gatto" – o qualunque altra entità – non esiste in uno stato definito finché non interagisce con un osservatore o un sistema circostante. Questa idea riformula il concetto di realtà, aprendo nuove prospettive anche per la metafisica.

Capitolo V. Implicazioni per il libero arbitrio.

"La fisica è libertà e vincolo simultaneamente. Forse esistono leggi che non vincolano tutto ciò che esiste, ma rendono libere alcune scelte."
(Stephen Hawking)

Possiamo davvero scegliere?

Il libero arbitrio ha da sempre affascinato filosofi, scienziati e pensatori. La questione al centro di questo dibattito è semplice, ma di incredibile profondità: possiamo davvero scegliere o siamo ingranaggi di un meccanismo predeterminato? La fisica quantistica, e in particolare l'interpretazione a molti mondi, offre una prospettiva tanto sorprendente quanto rivoluzionaria.

Per secoli, il determinismo ha dominato gran parte della scienza e della filosofia occidentale. Secondo la visione classica, ogni evento presente e futuro era una conseguenza inevitabile dei parametri iniziali dell'universo, un concetto sviluppato e sostenuto, tra gli altri, da Pierre-Simon Laplace. Il matematico e astronomo francese immaginava un "demone" capace di conoscere posizione e velocità di tutte le particelle dell'universo: per questa entità ipotetica, il futuro non avrebbe avuto segreti. In un contesto simile, l'idea di libero arbitrio appare illusoria, perché ogni nostra scelta sembrerebbe il frutto inevitabile di cause antecedenti.

La rivoluzione della fisica quantistica ha però scardinato queste certezze, introducendo il concetto di indeterminismo. A livello delle particelle subatomiche, alcuni eventi non possono essere predetti, ma solo descritti in termini di probabilità. Questo cambiamento di prospettiva ha aperto nuovi orizzonti non solo per la fisica, ma anche per la filosofia.

L'interpretazione a molti mondi: ogni possibilità è reale.

L'interpretazione a molti mondi, proposta dal fisico Hugh Everett nel 1957, porta l'indeterminismo quantistico a un livello ancora più radicale. Secondo questa teoria, ogni volta che si verifica una scelta quantistica, l'universo si "biforca" in due o più versioni distinte, ciascuna rappresentante una delle possibilità quantistiche. Questo significa che, in un certo senso, ogni decisione, anche la più banale, dà origine a universi paralleli in cui entrambe le scelte vengono effettivamente realizzate.

Consideriamo il famoso esempio di Schrödinger e il suo celebre gatto. Nell'interpretazione a molti mondi, il gatto non è soltanto vivo o morto in base alla nostra osservazione, ma entrambe le condizioni si realizzano. Noi "seguiamo" uno degli universi in cui il gatto è vivo o morto, mentre in un altro universo parallelo il contrario è vero. Questa immagine poetica ed inquietante non riguarda però solo i gatti o le particelle subatomiche: può essere estesa alla nostra stessa vita.

Libero arbitrio o illusione di scelta?

A prima vista, il multiverso sembra restituirci un margine di libertà. Se ogni nostro gesto comporta delle biforcazioni - se scegliamo, ad esempio, di accettare o rifiutare un lavoro, di attraversare o meno la strada in quel determinato istante - esisteranno universi in cui entrambe le decisioni vengono esplorate. Non abbiamo quindi un solo futuro inevitabile, ma una pluralità di futuri possibili che si dispiegano contemporaneamente.

Tuttavia, qui sorge una domanda fondamentale: se ogni possibilità si realizza, cosa significa davvero scegliere? Alcuni filosofi vedono in questa teoria una minaccia al libero arbitrio piuttosto che una sua conferma. Se tutte le versioni di me stesso compiono entrambe le scelte, quale significato ha la "mia" decisione? Esiste ancora un "io" in grado di influire sul corso degli eventi?

Il fisico David Deutsch, tra i maggiori sostenitori dell'interpretazione a molti mondi, ha suggerito che il pensiero cosciente potrebbe trovarsi su una particolare traiettoria del multiverso, creando l'illusione di una singola linea temporale. Altri, come il filosofo Max Tegmark, si spingono più oltre, ipotizzando che il concetto stesso di "io" potrebbe essere distribuito tra più universi, senza una nozione chiara di individualità.

L'idea di un multiverso che mette in crisi il libero arbitrio non è solo un tema scientifico. La cultura popolare ha esplorato concetti simili attraverso storie che ci parlano di infinite possibilità. Uno degli esempi più celebri è senza dubbio l'opera di Jorge Luis Borges, *"Il giardino dei sentieri che si biforcano"*, in cui il tempo non è lineare, ma si ramifica in infinite direzioni. Borges, pur non conoscendo i dettagli della fisica quantistica, anticipava, in un certo senso, alcune intuizioni della teoria a molti mondi.

L'interpretazione a molti mondi ci invita a ripensare il concetto di libero arbitrio da una prospettiva completamente nuova. Se ogni possibile scelta si concretizza in una realtà parallela, il nostro "io" potrebbe essere solo una delle infinite versioni di noi stessi. Forse la libertà non è nell'atto di scegliere, ma nella capacità di riconoscere e accettare questa straordinaria complessità.

E così, tra fisica e filosofia, il gatto di Schrödinger continua a insegnarci qualcosa sui limiti della nostra comprensione della realtà e, forse, sulla vera natura della libertà.

Tutti i mondi, tutte le possibilità.

Nell'interpretazione a molti mondi, ogni evento quantistico crea una biforcazione. Quando osserviamo il famoso gatto di Schrödinger, vivo o morto, la realtà non prende una singola strada. Al contrario, entrambe le possibilità si concretizzano. L'universo si divide in due versioni, identiche se non per la sorte del gatto. In uno, il gatto vive. Nell'altro, muore.

Hugh Everett, giovane fisico con un'aria quasi da ribelle intellettuale, presentò questa teoria nel 1957. Molti, come il celebre Niels Bohr, pensavano che l'idea fosse assurda. Eppure, negli anni successivi, l'idea trovò terreno fertile.

L'immagine di noi come autori delle nostre vite è gratificante. Tuttavia, se ogni possibile biforcazione della realtà esiste, cosa significa scegliere? Per Everett, l'universo non ci lascia alternative. Non siamo protagonisti liberi di una storia, ma spettatori inconsapevoli di un "teatro quantistico" dove gli eventi si determinano non per volontà, ma per caso.

Immaginiamo un esempio pratico. Tu decidi di uscire da casa tua. Ti trovi a un incrocio. Scegli di girare a destra. Ma, secondo l'interpretazione a molti mondi, c'è un altro universo parallelo e qui tu decidi di non uscire da casa tua. C'è un altro universo parallelo, e qui tu esci da casa tua ma decidi di girare a sinistra. Ed esiste un altro universo in cui resti fermo. Ogni opzione possibile viene eseguita. La tua decisione diventa un dettaglio insignificante in questo panorama cosmico: sei uno tra tanti "te stesso".

In questa luce, quindi, il libero arbitrio si svuota di significato. Può forse esistere una scelta autentica se tutte le possibilità trovano spazio in un altro universo? Everett direbbe di no. Per lui, le biforcazioni quantistiche sono casuali, non guidate dalla tua mente. Sei come una barca spinta dalle onde, non il nocchiero al timone.

Caso o decisione consapevole?

Un legame interessante emerge con la filosofia antica. Nel III secolo d.C., il filosofo stoico Epitteto rifletteva sull'illusione del controllo. Secondo lui, possiamo governare solo le nostre reazioni interiori, non ciò che accade intorno a noi. Ribaltando questa lente sul multiverso, il controllo stesso sembra dissiparsi. Non solo non controlliamo ciò che accade, ma non controlliamo neppure il corso di ogni realtà possibile.

Alcuni studiosi vedono una pericolosa convergenza tra il determinismo laplaciano del Settecento e l'interpretazione a molti mondi. Il determinismo classico, formulato da Laplace, credeva che, conoscendo tutte le variabili di un sistema, si potesse prevedere l'intero futuro. Nel multiverso, però, non c'è un solo futuro, ma infinite versioni di esso. E queste versioni non sono frutto di volontà soggettiva, ma delle imprevedibili fluttuazioni delle onde quantistiche.

l dibattito sul libero arbitrio nel multiverso ha trovato un'eco nella cultura pop. La trilogia "*Matrix*", per esempio, esplora il tema della scelta e del destino. Quando Neo sceglie tra la pillola rossa e quella blu, il film sembra suggerire che sia la sua volontà a determinare il corso della storia. Ma in un contesto di molti mondi, Neo avrebbe preso entrambe le pillole. Ciascuna scelta darebbe origine a un nuovo universo.

Anche la serie "*Rick and Morty*" gioca con questa idea. I protagonisti viaggiano attraverso realtà parallele in cui ogni possibilità è stata realizzata. In una puntata, Rick deride proprio l'idea del libero arbitrio:

"Non importa quello che scegli. Alla fine, sei solo una versione di te tra infinite versioni."

Con un'ironia brutale, la serie strappa un sorriso e, allo stesso tempo, ricorda la vertigine del multiverso.

La libertà è davvero importante?

Cosa c'entra il Gatto di Schrödinger con il libero arbitrio? Apparentemente poco. Il celebre esperimento mentale di Erwin Schrödinger, formulato nel 1935, nasce per illustrare il comportamento paradossale delle particelle subatomiche nella meccanica quantistica. Tuttavia, andare oltre il suo significato fisico ci costringe a riflettere sui grandi temi dell'esistenza, fra cui il libero arbitrio. Viviamo in un universo determinato, come un "gatto nella scatola", in attesa di uno sguardo esterno che determini il nostro destino? Oppure esiste una libertà autentica, capace di emergere tra le pieghe dell'incertezza quantistica?

Queste domande non sono nuove. La filosofia, la scienza e la religione, in epoche diverse, hanno provato a rispondere. Ma oggi, grazie a pensatori e scienziati contemporanei come Daniel Dennett, possiamo esplorare questa questione da una prospettiva intrigante e, per certi versi, rassicurante.

Il libero arbitrio, inteso come la libertà di scegliere indipendentemente da qualsiasi vincolo, ha subito forti critiche sia dalla fisica che dalla filosofia. Se l'universo è governato da leggi deterministiche (come credeva Laplace nel XIX secolo), ogni azione risulterebbe prevedibile a partire dalle condizioni iniziali. D'altro canto, se accettiamo le leggi della meccanica quantistica, ci confrontiamo con eventi governati da pura casualità. In entrambi i casi, sembra non esserci spazio per la scelta consapevole. Ma allora dovremmo forse concludere che il libero arbitrio non esiste?

Secondo Daniel Dennett, filosofo e scienziato cognitivo statunitense, il quesito è mal posto. Dennett argomenta che il libero arbitrio di cui siamo ossessionati, quello che lui chiama "*libero arbitrio cosmico*", può anche essere un'illusione, ma questo non è motivo di disperazione. La chiave, secondo lui, è accettare una concezione più "terrena" di libertà. Non ci serve essere cosmicamente liberi da ogni regola per dare significato alle nostre vite. Basta sentirci liberi all'interno di una certa cornice.

In altre parole, la vera libertà non è quella di un essere divino che agisce al di sopra della natura. Piuttosto, è la capacità di ragionare, progettare e agire secondo ciò che importa per la nostra esistenza. Dennett chiama questo "*libertà compatibilista*", un'idea che salva il significato del nostro agire pur riconoscendo i vincoli della realtà fisica.

Tornando al Gatto di Schrödinger, possiamo trovare un'interessante metafora per il libero arbitrio. Il gatto, chiuso nella scatola, è vivo e morto contemporaneamente fino a quando un osservatore esterno non apre la scatola e determina il suo stato. Allo stesso modo, potremmo chiederci: siamo davvero liberi? Oppure ciò che chiamiamo "libertà" esiste solo all'interno della nostra percezione soggettiva della realtà?

Dennett sostiene che non abbiamo bisogno di cercare un osservatore esterno – come un dio, la scienza o una legge cosmica – per convalidare la nostra libertà. La vera questione è se percepiamo noi stessi come agenti capaci di agire. In effetti, esperimenti psicologici e neuroscientifici hanno dimostrato che il senso di controllo e intenzionalità è fondamentale per la nostra psicologia, anche quando il nostro cervello anticipa inconsciamente alcune decisioni.

Pensatori come Dennett non sono gli unici a prendere una posizione pragmatica sul libero arbitrio. Già nel XVII secolo, Baruch Spinoza, un filosofo razionalista, scrisse che l'idea di libero arbitrio nasce dall'ignoranza delle cause che determinano le nostre azioni. Tuttavia, Spinoza non intendeva dire che siamo schiavi disperati. Al contrario, la consapevolezza dei veri meccanismi naturali poteva renderci padroni della nostra vita, accettando ciò che siamo e lavorando con ciò che abbiamo.

In tempi più recenti, Friedrich Nietzsche ha suggerito una strada simile. Secondo lui, il problema non è l'assenza di un libero arbitrio assoluto, ma la nostra volontà di assumere la responsabilità delle nostre azioni.

Nietzsche descrisse l'idea della libertà come una "*finzione nobile*", una narrazione che ci permette di vivere con forza e creatività.

Tra fisica quantistica e filosofia, emerge un pensiero provocatorio: ciò che conta potrebbe non essere se il libero arbitrio esiste davvero, ma se riusciamo a viverlo e percepirlo come reale. Qui entra in gioco anche la cultura. Molte opere letterarie, da Dostoevskij a Pirandello, hanno esplorato il confine tra illusione e realtà. Luigi Pirandello, per esempio, esemplifica il concetto di "maschera" e di interpretazione soggettiva: ciò che viviamo come vero è spesso costruito, ma non per questo meno significativo.

Anche nella scienza, iconici esperimenti mentali come il Gatto di Schrödinger ci insegnano che la realtà è sempre più complessa di quanto appare. Nel nostro piccolo, siamo come quel gatto. Viviamo in uno stato di potenzialità, in bilico tra ciò che sembra determinato e ciò che percepiamo come possibile. Ma forse non è importante sapere se siamo liberi nel senso assoluto. Ciò che conta è la nostra capacità di agire come tali, immaginare scenari futuri e costruire un senso nella nostra esistenza.

La doppia natura del famoso gatto di Schrödinger ci ricorda che la realtà esiste in una dimensione sfuggente, che richiede un osservatore per "collassare" una possibilità in un'altra. Questo può essere frustrante. Ma come suggeriscono pensatori come Daniel Dennett, non importa se il nostro libero arbitrio è un'illusione. Ciò che conta è costruire e conservare il senso della nostra libertà.

Dopotutto, il valore della vita non risiede nella certezza assoluta, ma nella capacità di interpretare il mondo che ci circonda, trovare il nostro ruolo e agire come se fossimo liberi.

Libero Arbitrio. Pensatori in disaccordo con Dennett e Spinoza.

Il libero arbitrio è una delle questioni metafisiche più difficili da affrontare. Se, da una parte, pensatori come Daniel Dennett e Baruch Spinoza ne offrono una lettura compatibilista o razionalista, dall'altra, filosofi e scienziati con visioni opposte ci sfidano a ripensare il nostro ruolo come esseri umani, affermando che la libertà è molto più di un'illusione o di un fraintendimento delle cause.

Kant e l'autonomia della ragione.

Uno dei critici più celebri delle prospettive meccanicistiche e deterministiche è Immanuel Kant. Filosofo tedesco del XVIII secolo, Kant rigetta sia l'idea spinoziana che il libero arbitrio sia un'illusione, sia la visione moderna pragmatica di Dennett. Nella sua opera principale, *"La critica della ragion pura"* (1781), Kant introduce una visione radicale: l'uomo appartiene a due mondi. Da una parte vive nel "mondo fenomenico", governato dalla scienza e dalle leggi causali; dall'altra appartiene a un "mondo noumenico", dove è libero grazie alla sua capacità di agire per ragioni morali.

Per Kant, l'uomo non è una semplice macchina programmata. La razionalità umana è ciò che rende possibile l'autonomia. Attraverso la legge morale, l'individuo diventa libero perché sceglie di agire non in base a impulsi o necessità fisiche, ma a princìpi universali. La famosa *"legge morale dentro di me"* di Kant, che egli descrive come fonte di "meraviglia", rappresenta un inno alla libertà come facoltà concreta e non come illusione.

A Königsberg, la sua città natale, Kant passeggiava ogni giorno allo stesso orario, seguendo un'abitudine quasi meccanica. Ma dietro questo apparente rigore si nascondeva una riflessione profonda sulla libertà dell'uomo, che, per il filosofo, trovava il suo culmine non nel caos di un destino incerto, ma nel rispetto di leggi universali che l'individuo sceglie autonomamente di seguire.

Sartre e la libertà come condanna.

La filosofia del XX secolo segna un altro capitolo fondamentale con Jean-Paul Sartre. Filosofo francese ed esistenzialista, Sartre sviluppa una posizione del tutto opposta rispetto a Spinoza, dichiarando che l'uomo non è affatto vincolato da leggi causali o necessità divine. Nel suo libro *"L'essere e il nulla"* (1943), Sartre scrive:

"L'uomo è condannato alla libertà".

Per Sartre, il libero arbitrio non è un'illusione né un concetto limitato a un contesto morale, come in Kant. È la nostra essenza: l'uomo, semplicemente, è libero. Questa libertà, però, è anche un peso insostenibile. Non possiamo dare la colpa alle circostanze, a Dio o agli altri per le nostre scelte. Sartre sostiene che ogni essere umano è responsabile di ciò che è, perché ogni decisione contribuisce a definire chi siamo.

Un aneddoto spesso riportato è l'esperienza di Sartre stesso durante l'occupazione nazista in Francia. In quel contesto di repressione e pericolo, Sartre non vedeva la libertà come sospesa. Al contrario, era proprio in quella situazione estrema che l'uomo dimostrava la sua capacità di scegliere, sia accettando il compromesso, sia opponendosi. Per Sartre, persino il silenzio è una scelta.

Heisenberg e l'incertezza nella fisica e nella vita.

Mentre filosofi come Kant e Sartre si muovevano nel campo della metafisica e dell'etica, nel mondo della scienza emergevano nuove teorie capaci di scuotere la visione deterministica dell'universo. Nel 1927, Werner Heisenberg, uno dei padri della meccanica quantistica, propose il principio di indeterminazione. Questo principio afferma che non possiamo conoscere contemporaneamente la posizione e la velocità di una particella subatomica con assoluta precisione.

Sebbene Heisenberg non fosse un filosofo, molti pensatori, incluso Sartre, trovarono nella fisica quantistica un'ulteriore conferma di una realtà in cui la libertà ha spazio per esistere. Se il mondo materiale è governato da una certa imprevedibilità, allora l'essere umano potrebbe non essere del tutto intrappolato in catene causali.

Un esempio curioso è legato allo stesso Heisenberg e alla sua resistenza alla semplificazione del suo lavoro da parte di chi cercava di usare la fisica quantistica per giustificare versioni pseudo-scientifiche della libertà. In un'intervista, Heisenberg avvertì che il principio di indeterminazione non era un tentativo di eliminare del tutto il determinismo, ma una descrizione della complessità del reale. Questa complessità, tuttavia, è diventata un simbolo filosofico di apertura verso l'imprevedibile, dando nuova linfa alle discussioni sul libero arbitrio.

Casualità e libero arbitrio: il destino frammentato in mondi multipli.

L'interpretazione di Everett ci invita a immaginare l'universo come un immenso albero cosmico, in cui ogni qual volta si presenta una scelta quantistica, l'intera realtà "si divide" in più mondi. In uno di questi mondi, il gatto è vivo. In un altro, il gatto è morto.. Lo stesso accadrebbe con le scelte apparentemente umane: ogni decisione porterebbe alla creazione di linee temporali parallele. Ma ciò non significa che l'individuo scelga in modo consapevole quale percorso intraprendere. In ogni mondo, esisterebbe una versione dell'individuo che segue un destino prestabilito dalla casualità quantistica.

Questa spiegazione affascinante solleva dubbi profondi sul significato del libero arbitrio. Come sottolineò il filosofo Karl Popper, negare che il futuro sia determinato significa soltanto che è aperto al caso, e non necessariamente alla scelta.

Popper, dichiaratamente critico verso un cieco determinismo, sottolineava però che affidare la nostra libertà al puro caso quantistico non porta molto più lontano. In altre parole, la casualità non è sinonimo di volontà libera. Anzi, potrebbe persino negarla.

La versione "autonoma" di noi stessi in ogni mondo.

Proviamo a immaginare un esempio concreto. Supponiamo che un individuo, Maria, debba decidere se accettare un lavoro a Parigi o restare nella sua città natale di Firenze. Secondo la logica dei molti mondi, in un universo Maria accetta il lavoro e si trasferisce in Francia; in un altro sceglie di restare in Italia. Ma chi o cosa decide quale Maria prenderà una determinata strada? Nessuno. L'interpretazione a molti mondi non prevede che Maria "scelga" attivamente. Le varianti di Maria si biforcano spontaneamente, frammentandosi in tutte le possibilità previste dal collasso della funzione d'onda.

Questa frammentazione, per quanto elegante in termini matematici, sradica la nozione classica di responsabilità personale. L'individuo non è più l'artefice delle proprie scelte, ma un "passeggero" che esiste automaticamente in ciascun universo. Ecco perché molti critici considerano l'idea di Everett più una curiosità filosofica che una vera soluzione al problema del libero arbitrio. Lo stesso Everett, nelle sue rare apparizioni pubbliche, preferiva parlare del suo lavoro come di una descrizione della realtà – non come un'implicazione morale per l'esistenza umana.

Questa visione, apparentemente fredda e impersonale, ha suscitato reazioni appassionate ben oltre la comunità scientifica. Il filosofo e neuroscienziato Sam Harris, ad esempio, ha sottolineato che il libero arbitrio potrebbe essere solo un'illusione. Se ogni scelta umana fosse il risultato di eventi neurali o quantistici al di fuori del controllo cosciente, l'uomo non sarebbe veramente "libero". Da un altro lato, i fisici quantistici come David Deutsch hanno difeso l'interpretazione a molti mondi come un'estensione naturale della meccanica quantistica. Per quanto controintuitiva, questa idea sosterrebbe una realtà fluida e stratificata, in cui la nostra percezione della libertà potrebbe essere un punto di vista limitato.

L'interpretazione a molti mondi, per quanto elegante e visionaria, ci mette di fronte a un paradosso doloroso. Se il libero arbitrio fosse solo un'illusione generata dalla casualità e dalla biforcazione infinita della realtà, che senso avrebbero le nostre scelte? Eppure, non possiamo evitare di sentirci protagonisti della nostra vita, anche di fronte alla scienza che ci invita a pensare altrimenti.

Forse la risposta non sta nella fisica, ma nella filosofia o, più semplicemente, nell'intuizione umana. E chissà: in uno degli infiniti universi generati dall'interpretazione di Everett, potremmo essere liberi davvero.

Questioni filosofiche.

Cosa significa essere liberi in un universo a "ramificazioni infinite"? Questa è la domanda centrale che l'interpretazione a molti mondi della meccanica quantistica (*MWI, Many-Worlds Interpretation*) ci invita a esplorare. Proposta nel 1957 dal fisico Hugh Everett III, questa teoria affascinante ipotizza che ogni evento quantistico crei un universo "alternativo". In altre parole, ogni scelta che compiamo, ogni azione che intraprendiamo, ogni singolo "sì" o "no", dà origine a nuovi mondi, ciascuno dei quali si espande in parallelo agli altri.

Ma se tutte le possibili scelte sono inevitabili in almeno un universo, dobbiamo chiederci: le nostre decisioni sono davvero libere? Oppure siamo semplici osservatori passivi di una complessa danza del cosmo?

Il primo grande interrogativo filosofico dell'interpretazione a molti mondi riguarda la natura stessa del libero arbitrio. Se ogni decisione genera universi paralleli che contengono tutti i possibili esiti, in quale senso possiamo dire di "scegliere"? Quando un uomo decide cosa mangiare a colazione — una mela o un croissant — la MWI suggerisce che in un universo mangerà la mela, mentre in un altro sceglierà il croissant. Entrambe le scelte sono inevitabili. Dove si colloca, dunque, il "potere decisionale" dell'individuo, se entrambe le opzioni accadono comunque?

Immaginiamo un esempio più drammatico. Pensiamo a un giovane Amleto, indeciso se "*essere o non essere*". Nel nostro mondo, forse, recita il famoso monologo optando per il coraggio di affrontare le difficoltà della vita. In un altro universo, però, potrebbe compiere la scelta opposta, decidendo per il tragico rifiuto dell'esistenza. L'Amleto che seguiamo sulla scena (o nel nostro universo) può sentirsi solo, immerso nel suo tormento e nella responsabilità della scelta. Ma nella visione dei molti mondi entrambe queste versioni convivono, frammentando l'idea stessa di una decisione autentica.

John Wheeler, un altro grande fisico teorico del XX secolo, notava che l'interpretazione a molti mondi :

"...rivela l'universo come un libro infinito, pieno di tutte le storie possibili".

Ma in un libro del genere, dove ogni storia si scrive comunque, il protagonista ha davvero la possibilità di cambiare il suo destino?

Una coscienza che "segue il flusso".

Il secondo interrogativo filosofico derivante dall'interpretazione a molti mondi è ancora più vertiginoso. Supponendo che ogni decisione ramifichi nuovi universi, come possiamo giustificare l'esperienza soggettiva di essere un'entità cosciente, che vive in un unico flusso temporale?

.La nostra mente, a quanto sembra, si identifica sempre e solo con una delle molte ramificazioni possibili. Quando ci guardiamo allo specchio, non percepiamo tutte le versioni possibili di noi stessi che esistono nei mondi paralleli. Viviamo, invece, ciò che sembra una storia coerente, come se fossimo limitati a una sola linea narrativa. Questo, però, solleva un dubbio inquietante: siamo solo spettatori di un universo "selezionato", guidati dalla parziale illusione di controllare il presente?

Un esempio utile può venire dal famoso "esperimento del Gatto di Schrödinger". Nella sua scatola chiusa, il gatto non è né vivo né morto fino a quando non osserviamo l'esito finale. Nella teoria a molti mondi, entrambe le possibilità si realizzano: in un universo il gatto sopravvive, in un altro muore. Tuttavia, la nostra esperienza cosciente segue solo una delle due traiettorie. Questa limitazione della mente umana — incapace di percepire altri universi in cui il gatto ha un destino diverso — ci rende forse prigionieri di una visione parziale della realtà?

Forse, come suggerisce il filosofo David Lewis, noto per la sua teoria dei *"mondi possibili"*, è proprio il nostro legame con un determinato universo a conferire senso alla nostra esistenza. Lewis osservava:

> *"Siamo certo liberi di agire, ma liberi solo entro il contesto di una singola storia".*

Una libertà confinata, dunque, a un percorso selezionato, ma non meno autentica per questo.

Un senso di responsabilità nell'infinito.

L'interpretazione a molti mondi potrebbe anche ridisegnare il concetto di responsabilità morale. Se esistono universi in cui ogni decisione possibile viene comunque presa, c'è chi potrebbe arguire che ogni azione sia inevitabile. Questo potrebbe portare al fatalismo: perché preoccuparsi, se c'è comunque un universo in cui "ho fatto la scelta giusta"?

Eppure, la filosofia insegna che la nostra responsabilità nasce proprio dall'essere consapevoli di vivere all'interno di una specifica linea temporale. Anche se sappiamo che esistono altri mondi in cui non abbiamo salvato quell'amico, detto quella parola, o preso quel treno, noi rimaniamo vincolati al qui e ora del nostro universo. Questo non svilisce il concetto di responsabilità, ma lo rafforza: essere consapevoli di infinite possibilità dovrebbe spingerci a vivere con più cura quella che ci è data.

Il filosofo tedesco Friedrich Nietzsche, in un contesto molto diverso, immaginò l'"*eterno ritorno dell'uguale*", l'idea che ogni istante della nostra vita si ripeta infinitamente. Questo pensiero, simile e al tempo stesso opposto alla MWI, suggerisce una profonda riflessione sulla responsabilità individuale. Come per l'eterno ritorno, il sapere che altri universi esistono non diminuisce il valore del nostro agire qui e ora. Anzi, può renderlo più prezioso.

L'interpretazione a molti mondi non è solo una teoria fisica: è un invito a ripensare la nostra comprensione della libertà, del destino e della coscienza. Le implicazioni sono tutt'altro che risolte. Filosofi e scienziati continuano a interrogarsi, cercando di bilanciare il determinismo insito nella teoria con l'intuizione profonda che abbiamo di essere esseri liberi.

Forse, nell'universo dei molti mondi, la nostra libertà consiste proprio nel vivere come se ogni scelta fosse irripetibile, anche sapendo che l'eco delle altre possibilità risuona nel cuore del multiverso.

In sintesi, nel contesto del paradosso di Schrödinger, l'interpretazione a molti mondi rimuove l'idea di un'unica linea temporale deterministica, aprendo la strada a una realtà in cui ogni possibilità si realizza. Tuttavia, ciò mette in discussione l'idea tradizionale di libero arbitrio: non è tanto una questione di scegliere fra opzioni quanto di vivere consciamente in un universo che è il risultato di una biforcazione quantistica. Resta aperto il dibattito su quanto questa concezione lasci spazio a una vera libertà o sia semplicemente un riflesso dei meccanismi quantistici sottostanti.

Mentre Spinoza e Dennett vedono il libero arbitrio come una costruzione umana o una conseguenza naturale dell'ignoranza, pensatori come Kant e Sartre ci invitano a esplorare una dimensione più profonda della libertà. Kant ci parla di una razionalità morale che trascende le leggi fisiche; Sartre ci urla che la libertà è il nostro destino, anche quando vorremmo sfuggirle.

Alla fine, il gatto di Schrödinger, chiuso nella sua famosa scatola, sembra simboleggiare questa tensione filosofica. Siamo liberi o determinati? Forse la risposta non si trova aprendo la scatola, ma riflettendo sul nostro ruolo di osservatori consapevoli.

Dopotutto, l'interpretazione a molti mondi non minaccia la nostra esperienza quotidiana. Ogni universo percepisce se stesso come autonomo. Anche se siamo solo frammenti di un meccanismo più grande, possiamo ancora assaporare la nostra piccola finestra di realtà. Anche se sospesi nel caso e nelle infinità quantistiche, possiamo trovare valore nello spingere la nostra pietra.

L'interpretazione a molti mondi pone più domande che risposte. Distrugge l'idea di un unico percorso e, con esso, la centralità della volontà individuale. Ma non tutto va perso. Nel suo caos, il multiverso ci ricorda la ricchezza delle possibilità, anche se non possiamo controllarne ogni aspetto. Forse, alla fine, la libertà è proprio questo: non dominare le biforcazioni della realtà, ma trovare significato nel punto in cui ci troviamo. E questo, per un essere umano, è forse il più grande atto d'interpretazione.

Capitolo VI. Il paradosso del gatto e l'informazione.

> *"La fisica quantistica non riguarda solo il gatto di Schrödinger, ma il modo in cui la conoscenza e l'ignoranza giocano un ruolo fondamentale nell'universo."*
> (Anton Zeilinger)

Connessione tra il paradosso del gatto e la teoria dell'informazione quantistica.

Il paradosso del gatto di Schrödinger non è solo una curiosità scientifica o filosofica. È una finestra sul cuore della teoria quantistica e sul modo in cui interpretiamo la realtà stessa. Questo enigmatico esperimento mentale, proposto da Erwin Schrödinger nel 1935, ha ispirato sviluppi concreti, influenzando moderni campi di studio come la teoria dell'informazione quantistica. Ma come si collegano il celebre gatto e discipline nate decenni dopo?

La sovrapposizione: ambiguità che crea possibilità.

La sovrapposizione quantistica è il principio cardine sia del paradosso del gatto che della teoria dell'informazione quantistica. Nel caso del gatto, si ipotizza che l'animale sia contemporaneamente vivo e morto finché non viene osservato. Questo stato simultaneo è analogo ai "qubit", i bits quantistici, che possono esistere in uno stato di 0, 1 o una combinazione di entrambi.

Questa ambiguità fa sì che i qubit siano più potenti dei bit classici. Ad esempio, un sistema informatico che sfrutta la sovrapposizione permette di eseguire calcoli complessi in parallelo, accelerando operazioni che richiederebbero secoli nei computer tradizionali. La sovrapposizione stessa ricorda gli interrogativi filosofici sollevati dal paradosso del gatto: ciò che vediamo – o misuriamo – cambia fondamentalmente ciò che accade.

Un esempio di sovrapposizione applicata è il computer quantistico *"IBM Q System One"*, lanciato nel 2019, che sfrutta questi principi per risolvere problemi che sarebbero inaccessibili alla tecnologia classica.

Un altro elemento comune è l'entanglement quantistico. Nell'entanglement, due particelle condividono uno stato unico, indipendentemente dalla distanza che le separa. Se si misura lo stato di una particella, si conosce immediatamente quello dell'altra, a prescindere dalla loro distanza.

Il paradosso del gatto nasconde in sé questo intreccio. La situazione del gatto dipende da eventi microscopici (il decadimento di un nucleo atomico o meno), che a loro volta sono collegati al contesto macroscopico (la vita del gatto). Questa idea d'interconnessione ha una straordinaria applicazione nelle telecomunicazioni.

Oggi, l'entanglement è il pilastro delle reti quantistiche sicure. Nel 2022, una collaborazione europea ha permesso la realizzazione di una "internet quantistica" sperimentale tra i Paesi Bassi e l'Austria, utilizzando particelle entangled per trasmettere dati crittografati a prova di hacker. Le comunicazioni erano invisibili persino agli sperimentatori, un'idea che probabilmente affascinerebbe Schrödinger, il quale sottolineava come l'interconnessione quantistica fosse un sottotesto implicito del suo paradosso.

La misura: il ruolo dell'osservatore.

Il cuore del paradosso del gatto si trova nel concetto di misura. In meccanica quantistica, la misura non serve solo a osservare un sistema: lo definisce. Senza misura, tutto rimane in uno stato di potenzialità indefinita. Questa idea è la base del *"quantum key distribution"* (QKD), una tecnologia di crittografia che sfrutta i quanti per generare chiavi segrete.

Come funziona? Qualsiasi tentativo di "osservare" i fotoni (che trasmettono l'informazione crittografata) altera automaticamente il loro stato. Questo rende immediatamente evidente un attacco, garantendo una sicurezza mai vista prima. Tra le applicazioni più avanzate c'è quella adottata dalla Banca Centrale Cinese nel 2021 per proteggere trasferimenti dati sensibili.

Filosofia e tecnologia: un dialogo continuo.

La metafisica del gatto di Schrödinger trasforma la meccanica quantistica in qualcosa di più di un esercizio matematico. Tocca il significato stesso della realtà. Ma ciò che un tempo sembrava confinato ai dibattiti tra fisici e filosofi oggi alimenta una rivoluzione tecnologica.

Schrödinger, filosofo nel cuore e scienziato nella mente, avrebbe forse sorriso nel vedere il suo esperimento mentale influenzare computer, telecomunicazioni e sicurezza globale. Il suo gatto, paradossale o no, ha trovato una nuova vita nella ricerca moderna, dimostrando che filosofia, fisica e tecnologia non sono mondi separati, ma capitoli della stessa grande narrazione scientifica.

Sovrapposizione e stati quantistici: la base comune.

Nel paradosso del gatto di Schrödinger, il gatto è descritto come contemporaneamente "vivo" e "morto" fino a quando non si effettua un'osservazione. Questo concetto corrisponde al principio fisico della sovrapposizione: una particella, come un fotone o un elettrone, può esistere in una combinazione di più stati quantistici.

Nella teoria dell'informazione quantistica, i bit classici del calcolo (0 e 1) vengono sostituiti dai qubit, che possono essere in uno stato di sovrapposizione tra 0 e 1. Questo permette ai sistemi quantistici di codificare informazioni in modo più potente rispetto ai computer tradizionali.

In questo bizzarro mondo quantistico, le particelle non si trovano in stati ben definiti, come siamo abituati a immaginare nel nostro mondo macroscopico. Un elettrone, per esempio, può attraversare contemporaneamente due percorsi diversi. Un fotone può essere polarizzato in due direzioni opposte nello stesso momento. Schrödinger cercava di mostrare quanto fosse paradossale trasferire queste caratteristiche dalla scala microscopica di particelle subatomiche a quella macroscopica di oggetti familiari, come un gatto. Eppure, proprio quel paradosso è diventato il trampolino di lancio per nuove idee, tra cui l'informazione quantistica.

I qubit: il ponte tra il gatto e i computer quantistici.

Nella teoria dell'informazione classica, tutto è concreto e binario. I computer che usiamo ogni giorno elaborano informazioni sotto forma di bit, rappresentati dallo stato "on" o "off", oppure 1 e 0. È un sistema semplice e deciso, simile alla visione classica del mondo: un oggetto è qui o là, acceso o spento, pieno o vuoto. Ma nel mondo quantistico, come ci insegna il gatto di Schrödinger, le cose non sono così semplici.

In un sistema quantistico, il bit viene sostituito dal qubit (*quantum bit*). Il qubit non è solo 0 o 1. Può essere 0 e 1 contemporaneamente, in una sovrapposizione simile a quella del gatto vivo e morto. Questo stato di sovrapposizione si ottiene attraverso le stesse leggi quantistiche che regolano le particelle elementari, estendendo la fisica di Schrödinger all'elaborazione delle informazioni.

Un esempio pratico aiuta a chiarire. Se confrontassimo un computer classico con un computer quantistico, potremmo immaginare una biblioteca. Un computer classico, per cercare un libro in una biblioteca immensa, dovrebbe sfogliare uno scaffale per volta, un'opera alla volta. Un computer quantistico, grazie alla sovrapposizione, è in grado di aprire contemporaneamente migliaia di scaffali. Il risultato? Una potenza di calcolo inimmaginabile. È grazie ai qubit, per esempio, che diventa possibile affrontare problemi come la fattorizzazione di numeri primi enormi, qualcosa che potrebbe rivoluzionare la crittografia e la sicurezza informatica.

L'immaginazione al potere: tra paradossi e realtà.

Il legame tra il gatto di Schrödinger e i qubit non è solo teorico. È il simbolo di come pensare in modo controintuitivo e abbracciare l'incertezza ci abbia permesso di fare balzi nella comprensione della realtà. Ed è un viaggio che ha coinvolto alcuni dei più grandi personaggi e laboratori della storia recente.

Nel 1998, un gruppo di fisici dell'Università di Oxford utilizzò formalmente il concetto di entanglement quantistico, una proprietà che spesso accompagna la sovrapposizione, per dimostrare le capacità pratiche delle reti di qubit. Un qubit, se entangled con un altro, può trasferire il proprio stato a distanze enormi, una sorta di "telepatia" quantistica, portando allo sviluppo della comunicazione ultrasicura, che oggi vediamo in azione nella crittografia quantistica. Perfino nel 2022, con l'assegnazione del Nobel per la fisica ad Alain Aspect, John Clauser e Anton Zeilinger per esperimenti basati sull'entanglement, l'eredità del gatto di Schrödinger è tornata sotto i riflettori.

Entanglement e correlazioni quantistiche.

Nel paradosso del gatto, il gatto rappresenta un sistema intrecciato con gli stati dell'atomo radioattivo (o del sistema che provoca il decadimento). Questa correlazione ricorda il concetto di entanglement quantistico, in cui due o più particelle condividono uno stato comune, indipendentemente dalla loro distanza.

L'entanglement è essenziale nella comunicazione quantistica e nella crittografia, poiché consente di trasferire informazioni in modi sicuri e istantanei (ad esempio, mediante teletrasporto quantistico).

L'entanglement, termine coniato dallo stesso Schrödinger nel 1935 ("Verschränkung" in tedesco, che significa "intreccio"), è uno dei fenomeni più sconcertanti della teoria quantistica. Due particelle, una volta intrecciate a livello quantistico, condividono uno stato comune a prescindere dalla distanza fisica che le separa. Questo misterioso legame consente loro di comportarsi come un sistema unico. Ciò significa che la misura di uno stato – per esempio lo spin di un elettrone – influenza istantaneamente l'altro, anche se miliardi di chilometri le dividono. Per Einstein era un'idea tanto assurda che la definì "*spaventosa azione a distanza*" (spooky action at a distance), e inizialmente rifiutò di accettarla. Tuttavia, gli esperimenti condotti a partire dalla metà del XX secolo hanno confermato che l'entanglement è reale.

Il paradosso del gatto, seppure a un livello concettuale diverso, ci permette di riflettere su tale intreccio. Nella metafora, il gatto è "*entangled*" con l'atomo radioattivo che può decadere o meno. Lo stato quantistico del sistema include entrambi gli oggetti ed è inscindibile: è il nucleo stesso del paradosso. Il gatto non è semplicemente vivo o morto; è in un intreccio probabilistico con la particella che governa il suo destino. Questa relazione diventa chiara solo quando un osservatore apre la scatola e misura il sistema, facendo collassare uno dei potenziali stati.

L'entanglement è molto più di un bizzarro concetto teorico. È al centro di alcuni dei progressi più spettacolari della fisica moderna. La sua applicazione pratica si estende dalla comunicazione quantistica alla crittografia, fino al teletrasporto quantistico. Nel 2022, il premio Nobel per la fisica è stato assegnato a John Clauser, Alain Aspect e Anton Zeilinger per esperimenti rivoluzionari che hanno dimostrato senza ombra di dubbio la realtà dell'entanglement.

Zeilinger, a lungo considerato uno dei "maghi" della meccanica quantistica, ha reso celebre il concetto di teletrasporto quantistico. Non si tratta, purtroppo, del viaggio in stile "Star Trek", ma di un fenomeno altrettanto affascinante. Il teletrasporto quantistico permette il trasferimento di uno stato quantistico da una particella all'altra. Per farlo, però, è necessario che le due particelle siano entangled. Nel 2004, il laboratorio di Zeilinger a Vienna ha teletrasportato informazioni quantistiche su una distanza di oltre 140 chilometri, un record mondiale all'epoca.

Per comprendere il legame con l'informazione, è utile ricordare che nello spazio quantistico non possiamo parlare di dati tradizionali come facciamo con i computer classici. L'informazione è codificata in qubit, che rappresentano sovrapposizioni di stati. L'entanglement rende possibile distribuire questi qubit attraverso spazi vastissimi, mantenendoli misteriosamente sincronizzati.

L'entanglement, con la sua capacità di collegare due oggetti distanti, si presta a numerose riflessioni filosofiche e culturali. Arthur Eddington, il famoso fisico britannico, una volta disse:

"Il mondo non è fatto di oggetti, ma di relazioni."

La meccanica quantistica, con il fenomeno dell'entanglement, sembra suggerire qualcosa di simile. I sistemi quantistici non sono semplicemente oggetti isolati; sono reti di collegamenti, dove ogni singola parte è definita solo in relazione al tutto.

Daphne Koller, pioniera dell'intelligenza artificiale, ha trovato una curiosa affinità tra il fenomeno dell'entanglement e le moderne reti neurali. In fondo, anche il cervello umano è un sistema complesso e interconnesso, un "entanglement biologico", se vogliamo, di segnali e sinapsi.

Un aneddoto curioso: nel 2017, il fisico cinese Jian-Wei Pan è riuscito a creare una rete quantistica che collegava stazioni terrestri e satelliti in orbita. Questo esperimento, soprannominato dai media come *"l'internet quantistico,"* ha dimostrato la possibilità di un futuro in cui le informazioni saranno trasmesse in modo praticamente inviolabile grazie alle proprietà dell'entanglement. Il tutto, ancora una volta, nasce dall'intuizione del paradosso del gatto.

L'entanglement non è solo una peculiarità matematica o fisica. È un ponte tra gli estremi del nostro universo, un legame invisibile che ci costringe a ripensare le fondamenta della realtà. Con il paradosso del gatto, Schrödinger forse intendeva solo sottolineare le difficoltà filosofiche della meccanica quantistica. Eppure, ci ha lasciato il gancio per entrare in uno degli enigmi più profondi della scienza moderna. Grazie a esperimenti sempre più avanzati, stiamo scoprendo come questo "intreccio quantistico" sia, in realtà, uno dei pilastri dell'informazione e, chissà, forse un giorno persino del nostro quotidiano. Come spesso accade nella storia del pensiero, un gatto immaginario ha avuto la capacità di svelare qualcosa di fondamentalmente reale.

Il ruolo della misura.

La situazione del gatto ("vivo" o "morto") si "risolve" solo nel momento in cui un osservatore effettua una misura, concetto che corrisponde alla decoerenza quantistica e alla chiave del collasso della funzione d'onda. Analogamente, nei sistemi di informazione quantistica, l'atto di misurare un qubit influenza lo stato finale del sistema, determinando il risultato desiderato o compromettendolo.

Secondo l'esperimento mentale di Schrödinger, un gatto chiuso in una scatola può trovarsi in una sovrapposizione quantistica di due stati: vivo e morto. Questa condizione bizzarra non è solo il prodotto di un'idea stravagante, bensì una conseguenza diretta del formalismo quantistico descritto dall'equazione di Schrödinger. La chiave, però, sta nella misura. Il gatto assume uno stato definito – vivo o morto – solo quando l'osservatore apre la scatola e osserva direttamente. Prima di quel momento, il sistema non possiede una realtà definita, ma esiste in un limbo probabilistico. Questa è la natura della decoerenza quantistica, il processo che porta un sistema a perdere la sovrapposizione di stati a causa di una misura o dell'interazione con l'ambiente.

Il ruolo della misura è centrale, non solo nella metafisica del gatto di Schrödinger, ma anche nella teoria dell'informazione quantistica. Nei sistemi quantistici, lo stato di un qubit – l'unità base dell'informazione quantistica – è descritto da una sovrapposizione di stati. Misurare un qubit non è un semplice "atto passivo"; al contrario, è un processo trasformativo che determina il risultato. Questo perché, al pari del gatto di Schrödinger, lo stato del qubit si "decide" solo al momento della misura.

Un esempio concreto è fornito dall'esperimento delle "trappole quantistiche", come quelle utilizzate nel calcolo quantistico. Se un qubit si trova in uno stato di sovrapposizione – simile al gatto che è sia vivo sia morto – l'interrogazione dello stato mediante una misura rompe questa delicatezza, costringendo il qubit a scegliere tra 0 e 1. Questo fenomeno ha un impatto diretto sulla capacità del sistema di elaborare informazioni. Una misura eccessivamente precoce, in molte situazioni, può interferire con il calcolo e compromettere l'intero risultato.

John Wheeler, un grande teorico quantistico, descriveva il processo di misura come un "atto partecipativo". In altre parole, l'osservatore non è un semplice spettatore della realtà, ma ne diventa un co-creatore attraverso l'osservazione. Questa prospettiva, che sfuma il confine tra chi osserva e ciò che è osservato, trova riscontro anche nella teoria dell'informazione quantistica: la misura non rivela soltanto l'informazione, ma contribuisce a crearla.

Il collegamento tra il gatto di Schrödinger e la teoria dell'informazione quantistica trova una delle sue espressioni più affascinanti nel concetto di "misura distruttiva". Nei computer classici, leggere un bit di informazione – uno 0 o un 1 – non altera il risultato. Nel mondo quantistico, però, l'atto di misurare un qubit può distruggere la sovrapposizione di stati. Questo porta a un interrogativo profondo: è possibile ottenere informazione senza che ciò cancelli completamente lo stato originale?

Progetti come il computer quantistico di IBM hanno permesso ai fisici di esplorare direttamente queste domande. Quando un qubit viene misurato, l'informazione ottenuta è precisa solo in parte: si perde una parte della complessità originaria dovuta alla sovrapposizione quantistica. In un certo senso, leggere un qubit è come aprire la scatola del gatto.

Il ruolo della misura nel paradosso del gatto ha ispirato non solo fisici, ma anche filosofi. Bohr, l'artefice principale dell'interpretazione di Copenaghen, insisteva che i concetti stessi di "esistenza" e "realtà" devono essere ridefiniti nel contesto quantistico. Per Bohr, il gatto è vivo o morto solo perché decidiamo come osservare il sistema.

Albert Einstein, in disaccordo, sosteneva che la realtà deve essere indipendente dall'osservazione umana. Eppure, esperimenti come quelli di Aspect negli anni '80 hanno dimostrato che, almeno a livello quantistico, Einstein potrebbe non avere ragione: l'atto di osservare influisce sul sistema, dimostrando quanto siano profonde queste connessioni.

Il paradosso del gatto e il ruolo della misura non sono soltanto esercizi accademici. Essi aprono le porte a una nuova comprensione dell'informazione stessa. Nella vita di tutti i giorni, diamo per scontato che l'informazione descriva una realtà oggettiva. Ma in un sistema quantistico non esiste informazione senza misura, né misura senza trasformazione.

Questo ci porta a una visione del mondo in cui la realtà emerge solo attraverso un processo partecipativo, e l'informazione non è una verità oggettiva, ma il risultato del nostro continuo dialogo con il cosmo. Il gatto di Schrödinger, così, non è solo un animale intrappolato in un esperimento mentale. È il simbolo dei confini sfumati tra ciò che conosciamo e ciò che creiamo, e tra l'atto di osservare e il tessuto stesso della realtà.

Filosofia e tecnologia: un punto di unione.

Il paradosso del gatto esplora il confine tra il mondo classico e quello quantistico, una transizione che è al cuore della tecnologia quantistica. Mentre Schrödinger intendeva illustrare l'apparente assurdità della meccanica quantistica, i fisici e ingegneri moderni hanno sfruttato molti principi alla base del paradosso per costruire tecnologie avanzate. Le implicazioni filosofiche – sull'osservatore, la realtà e la misura – sono ora fondamentali nella comprensione del funzionamento di questi sistemi.

Nel 1935, Erwin Schrödinger immaginò il famoso "gatto", un esperimento mentale controverso e affascinante. La filosofia che sottende il paradosso di Schrödinger non si è limitata a rimanere nei confini della speculazione teorica: affonda radici nei processi tecnologici più avanzati.

La transizione dal mondo classico al mondo quantistico, che il gatto esemplifica, è oggi al cuore della rivoluzione tecnologica della fisica quantistica. Quello che Schrödinger ideò per criticare il concetto di "sovrapposizione" (uno stato in cui un sistema può esistere contemporaneamente in più condizioni) è ora una delle chiavi per comprendere il funzionamento delle future tecnologie, dalla crittografia quantistica ai computer quantistici. Ma come possiamo applicare un concetto tanto filosofico al mondo reale?

Uno degli aspetti filosofici più intriganti del paradosso è il ruolo dell'osservatore. Nella meccanica quantistica, la misura non è più un rilevamento neutrale, come avviene nella fisica classica. Essa dà forma alla realtà stessa. Quando apriamo la scatola del gatto – per così dire – scegliamo una realtà tra quelle in sovrapposizione. Questo interrogativo filosofico, che ha affascinato studiosi come Niels Bohr e Albert Einstein, ha trovato applicazioni dirette.

Nel 2021, il fisico austriaco Anton Zeilinger, John Clauser e Alain Aspect, hanno ricevuto il Premio Nobel per la fisica per i loro esperimenti sull'entanglement quantistico. I loro esperimenti hanno mostrato come due particelle possano rimanere "intrecciate" tra loro in modo tale che conoscere lo stato di una influenzi immediatamente l'altra, anche se si trovano a chilometri di distanza. Questo fenomeno si basa sugli stessi principi concettuali che alimentano il paradosso del gatto. L'entanglement, infatti, sottolinea l'interdipendenza tra gli stati quantistici, una questione legata al ruolo epistemico dell'osservatore nel determinare la realtà

.

Ma non è tutto filosofia: l'entanglement è una delle basi della crittografia quantistica. Grazie a questa tecnologia, è possibile costruire sistemi di comunicazione sicuri, impossibili da intercettare senza che il destinatario se ne accorga. La città cinese di Jinan, ad esempio, utilizza attualmente una rete di comunicazione protetta da criptografia quantistica per il trasferimento sicuro dei dati. Questo sistema sfrutta il principio che "osservare" un sistema quantistico (tentare di spiare o intercettare il messaggio) ne altera lo stato, segnalando immediatamente la violazione.

Ma perché queste tecnologie funzionano davvero? Il tutto rimanda alla domanda centrale del paradosso di Schrödinger: cosa significa "esistere" in uno stato quantistico? Queste formulazioni, che sarebbero piaciute a filosofi come Martin Heidegger o Karl Popper, ora aiutano a progettare protocolli ingegneristici estremamente raffinati. Il lattice teorico, colmo di enigmi ontologici, è diventato solido cemento per tecnologie pronte a trasformare la società.

Ad esempio, le tecnologie quantistiche promettono miglioramenti significativi nelle simulazioni molecolari. La scoperta di nuovi farmaci, un'impresa che spesso richiede anni di sperimentazione tradizionale, potrebbe essere rivoluzionata dall'utilizzo dei computer quantistici, che consentono analisi di sistemi chimici estremamente complessi.

Ciò che appare straordinario è come il paradosso del gatto, concepito per evidenziare i limiti concettuali della teoria quantistica, stia effettivamente ispirando nuove prospettive sull'interazione uomo-tecnologia, rendendo la filosofia non solo uno strumento per comprendere il mondo, ma anche un motore per costruirlo. Come disse il pensatore francese Michel Serres:

> *"La scienza, oggi, non pensa più in modo isolato. È profondamente intrecciata con la filosofia, l'arte, la tecnologia".*

Schrödinger, senza volerlo, ha costruito un ponte tra l'astrazione metafisica e la pratica tecnologica.

VII. Il problema mente-corpo.

"La mente umana osserva lo stato del gatto e lo rende reale. Ma cosa succede se il gatto osserva per primo?"
(Eugene Wigner).

Il paradosso del gatto di Schrödinger, concepito nel 1935 dal fisico austriaco Erwin Schrödinger, è una delle immagini più iconiche della fisica quantistica. Chiunque abbia un minimo di familiarità con la scienza moderna associa immediatamente la famosa scatola chiusa al felino che si trova, contemporaneamente, sia vivo che morto. Tuttavia, nascosta all'interno di questo esercizio mentale c'è un problema molto più profondo, che tocca le radici stesse della nostra percezione della realtà: il complicato intreccio tra la coscienza dell'osservatore e il mondo fisico. Questo ci trasporta inevitabilmente nel territorio della filosofia della mente e, più specificamente, del problema mente-corpo.

La coscienza come osservatore,

Quando Schrödinger propose il suo paradosso, il fisico voleva criticare la bizzarria delle implicazioni della meccanica quantistica. Secondo l'interpretazione di Copenaghen, sviluppata principalmente da Niels Bohr negli anni '20, un sistema quantistico può restare in una sovrapposizione di stati (ad esempio il gatto vivo e morto) fino a quando un "osservatore" non interviene, determinando quindi il collasso della funzione d'onda in uno stato definito.

Ma che cos'è un osservatore? È sufficiente una macchina? Un organismo vivente? Oppure è necessaria una mente cosciente? Wolfgang Pauli, uno dei padri della meccanica quantistica, suggerì che la coscienza umana fosse inestricabilmente connessa al processo di osservazione. Questa idea portò a un dibattito affascinante e controverso, che oltrepassò presto i confini della fisica per invadere il territorio della metafisica.

Pensiamo ora al problema mente-corpo in filosofia, la questione che indaga il rapporto tra la mente cosciente, immateriale, e il cervello, un organo fisico che obbedisce alle leggi della natura. Qui emerge una connessione interessante: se, come propongono alcune interpretazioni radicali della fisica quantistica, la coscienza è necessaria per far "esistere" la realtà fisica (o almeno per fissarla in un determinato stato), allora la fisica e la filosofia della mente non possono essere considerate discipline separate. Scienza e metafisica si intrecciano in un nodo che non possiamo sciogliere.

Filosofia, fisica e il dilemma del collasso.

Uno degli assertori più celebri del legame tra coscienza e fisica quantistica è stato Eugene Wigner, premio Nobel e grande esploratore della frontiera tra scienza e metafisica. Wigner sosteneva che la coscienza umana svolgeva un ruolo causale nel collasso della funzione d'onda. Nel suo documento del 1961 intitolato *"The Problem of Measurement"*, Wigner propose che senza osservatori coscienti, il mondo sarebbe un "immenso mare di probabilità". Questo suggerimento portò a speculazioni audaci: e se fosse la coscienza a creare il mondo che ci circonda? La provocazione sollevò obiezioni forti, ma anche profonde implicazioni per il problema mente-corpo.

Il dualismo cartesiano, formulato nel XVII secolo da René Descartes, separava mente e materia come due sostanze irriducibili e distinte. Ma nella fisica quantistica, dove la coscienza sembra influenzare il mondo fisico e viceversa, questa distinzione sfuma. David Chalmers, uno dei più influenti filosofi contemporanei della mente, parla di un *"problema difficile della coscienza"* (hard problem of consciousness): la difficoltà di spiegare come e perché le esperienze soggettive emergano da un cervello fatto di neuroni. La fisica quantistica sembra amplificare questo mistero, suggerendo che la coscienza non sia meramente un effetto collaterale del cervello, ma un elemento fondamentale della realtà stessa.

Gatti, cervelli e un dio nascosto.

L'idea che l'osservazione possa influenzare la realtà apre la porta a una serie di domande vertiginose. Alcuni scienziati, come Roger Penrose e Stuart Hameroff, hanno proposto teorie secondo le quali il mistero della coscienza potrebbe avere una base quantistica. Hameroff, in particolare, ha ipotizzato che processi quantistici nei microtubuli – piccole strutture dentro i neuroni – possano spiegare la mente e i suoi legami con il corpo. Sebbene questa teoria sia contestata, ha il merito di prendere sul serio l'idea che la fisica quantistica sia fondamentale per comprendere la mente umana.

Ma tutto questo richiama antiche domande filosofiche. Baruch Spinoza, nel Seicento, sosteneva che mente e mondo fisico non fossero altro che due aspetti della stessa realtà sottostante, un'idea che oggi sembra risuonare con il linguaggio della fisica moderna.

Possiamo anche pensare a Gottfried Leibniz che, con il concetto di *"monadi"*, proponeva un universo in cui ogni particella contiene un elemento di consapevolezza o *"mirroring"* della realtà intera.

Nel contesto del gatto di Schrödinger, possiamo quasi immaginare l'animale come una *"monade moderna"*: un microcosmo contenente tutta la complessità filosofica e scientifica del nostro universo. La sua condizione, sospesa tra vita e morte, è non solo una riflessione sulla fisica, ma anche sulla coscienza stessa.

In definitiva, il legame tra il paradosso di Schrödinger e il problema mente-corpo non è solo un curioso gioco intellettuale. È un invito a guardare oltre le nostre categorie abituali di pensiero. Forse il confine tra mente e materia, così come il confine tra vita e morte nel caso del famoso gatto, è più fluido di quanto immaginiamo. Non è un caso che Schrödinger stesso fosse affascinato dalla filosofia: il suo celebre libro del 1944,*"Che cos'è la vita?"*, non esplora solo la biologia, ma insinua il sospetto che ci sia qualcosa di più fondamentale che ancora ci sfugge.

Niels Bohr una volta disse:

> *"Chiunque non sia scioccato dalla teoria quantistica non l'ha capita".*

Forse, lo stesso vale per la coscienza umana. E quando ci specchiamo negli occhi del gatto di Schrödinger – vivi e morti insieme – non vediamo altro che il riflesso dei nostri dubbi più profondi sulla natura della realtà. Per quanto possiamo analizzare, sezionare, interpretare, ci resta sempre un margine di mistero: un margine che, per ora, appartiene tanto alla fisica quanto alla filosofia.

Natura dell'osservatore e il "problema della coscienza".

Può la coscienza di un osservatore influenzare il mondo fisico? Questa domanda, che unisce il famoso paradosso del Gatto di Schrödinger alla filosofia, ci porta direttamente al cuore di uno dei problemi più complessi e affascinanti della storia del pensiero: il problema mente-corpo. Dietro l'apparente semplicità di un esperimento mentale, si nasconde una questione che tocca le fondamenta della realtà stessa.

Che cosa rende l'atto di osservare così speciale? E, soprattutto, chi o che cosa è un osservatore? In fisica, la risposta è ambigua. La definizione di "osservatore" si limita a un'interazione misurabile che produce un cambiamento nello stato del sistema. Ma alcune interpretazioni estendono il concetto, suggerendo che sia la coscienza dell'osservatore umano a causare il collasso della funzione d'onda. Qui entra in gioco la filosofia della mente.

Il problema mente-corpo indaga la relazione tra la mente, immateriale e cosciente, e la realtà fisica. Filosofi e scienziati si interrogano da secoli: la mente è parte della materia o qualcosa di separato? Se esiste una divisione tra mente e corpo, come possono interagire? Queste domande trovano proprio nella fisica quantistica una nuova prospettiva intrigante.

Se la coscienza dell'osservatore fosse davvero indispensabile per il collasso della funzione d'onda, si aprirebbe un dibattito di portata enorme. La meccanica quantistica richiederebbe l'esistenza di un elemento non fisico – una mente cosciente – per definire la realtà oggettiva. Questa idea fa eco a certe concezioni della filosofia idealista, come quelle di George Berkeley. Secondo Berkeley, il mondo esiste solo perché c'è una mente cosciente che lo percepisce: *"esse est percipi"*, "esistere è essere percepito".

La coscienza come architetto della realtà?

Il collegamento tra quantistica e mente ha affascinato anche figure moderne. Eugene Wigner, premio Nobel e uno dei giganti della fisica teorica, nel ventesimo secolo propose un'ipotesi audace: la coscienza giocava un ruolo centrale nella realtà fisica. Wigner riteneva che la materia e la mente fossero profondamente intrecciate. Senza una coscienza a osservare, diceva Wigner, potremmo persino dubitare dell'esistenza di una realtà oggettiva.

Se accettiamo che la coscienza ha un ruolo causale nel collasso della funzione d'onda, l'intera concezione della realtà cambia. La materia stessa, da sempre considerata indipendente e oggettiva, ora dipenderebbe dall'osservazione cosciente per esistere come la percepiamo. Questo richiama il pensiero di certi filosofi orientali, come nella tradizione buddhista, dove la realtà è vista come una manifestazione della mente.

Terence McKenna, filosofo visionario del Novecento, sosteneva che *"il mondo è made of language"* – fatto di linguaggio, una creazione della nostra mente. Similmente, alcuni fisici moderni come John Wheeler hanno esplorato la possibilità che l'universo sia un immenso atto partecipativo, una sorta di "gioco cosmico" dove l'osservazione è parte integrante del processo creativo.

La connessione tra mente, corpo e mondo materiale rimane una delle grandi domande irrisolte della filosofia. Ma la riflessione sulla coscienza, alimentata da interrogativi scientifici come quello del Gatto di Schrödinger, suggerisce che rispondere a questa domanda potrebbe richiedere una revisione radicale dei nostri preconcetti sulla realtà. Forse il vero mistero non è il gatto nella scatola, ma l'osservatore che la apre.

Materialismo e idealismo.

Il gatto di Schrödinger è contemporaneamente vivo e morto, una sovrapposizione di stati. Ma al netto dei dettagli quantistici, chi o cosa determina il destino finale del gatto? L'osservatore ha davvero il potere di trasformare la possibilità in realtà? Questa domanda spalanca una finestra su uno dei più grandi dibattiti della filosofia della mente: il ruolo della coscienza e la contrapposizione tra materialismo e idealismo.

Nel paradigma materialista, tutto ciò che accade nell'universo – inclusa la nostra coscienza – si spiega attraverso le leggi fisiche. Non c'è bisogno di postulare entità immateriali. Secondo i materialisti, osservare il gatto non è diverso dall'attivare un interruttore: i processi fisici all'interno dell'osservatore (retina, neuroni, sinapsi) interagiscono con il sistema della scatola. La realtà emerge come il risultato meccanico e inesorabile di queste interazioni.

Un esempio chiave del materialismo nella filosofia della mente è il pensiero di Daniel Dennett, filosofo e scienziato cognitivista. Dennett vede la coscienza umana come un'illusione generata dai processi cerebrali. Non c'è, secondo lui, una "mente osservatrice" separata dal corpo fisico: ci siamo solo noi, costruzioni biologiche, e tutto ciò che percepiamo come esperienza interiore si riduce a schemi di attività neuronale. In un contesto quantistico, ciò significa che l'osservatore umano sarebbe solo un ulteriore "meccanismo" del sistema, una parte dello stesso universo fisico che sta osservando, senza particolari privilegi ontologici.

Ma i materialisti devono affrontare una sfida. Se tutto è riconducibile a processi meccanici, come si spiega quella che definiremmo la "qualità" delle esperienze? Come mai osservare un tramonto produce meraviglia e non solo correnti elettriche nel cervello? Questa domanda rientra nel cosiddetto "*problema difficile della coscienza*", un termine coniato dal filosofo David Chalmers negli anni '90. Ed è proprio qui che gli idealisti intervengono.

Gli idealisti ribaltano la prospettiva materialista. Secondo loro, la coscienza non è un prodotto della materia, ma il fondamento stesso dell'esistenza. Nulla esisterebbe – o sarebbe conoscibile – senza una mente che osserva. Per un idealista, l'esperimento del gatto di Schrödinger diventa una prova tangibile: la sovrapposizione quantistica del gatto (vivo/morto) non viene "risolta" fino a quando qualcuno non compie un'osservazione cosciente.

Il padre nobile dell'idealismo moderno, il filosofo George Berkeley (1685-1753), avrebbe probabilmente interpretato l'esperimento con gioia. Per Berkeley, tutto ciò che esiste è idea: le cose materiali sono percepibili solo perché esistono nella mente di qualcuno. E se qualcosa non viene percepito? Allora la sua esistenza vacilla, a meno che un'entità onnipresente – Dio, secondo Berkeley – non svolga il compito di osservare costantemente il tutto-

Quando il fisico John Archibald Wheeler introdusse il concetto di "*partecipatory universe*" negli anni '70, sembrava fare eco all'idealismo. Wheeler affermò che l'universo è "incompleto" senza l'intervento di osservatori consapevoli. In altre parole, la realtà fisica non è un dato oggettivo; piuttosto, esiste in attesa di essere scelta o plasmata dalla coscienza stessa. Nell'esperimento del gatto di Schrödinger, per un idealista, l'osservatore non è un meccanismo passivo, ma l'agente decisivo della realtà stessa.

Ma l'interpretazione idealista non si limita ai sogni filosofici. La fisica quantistica, con la sua natura paradossale, offre suggestioni che sembrano favorire una visione più "intellettuale" del cosmo. La celebre affermazione del fisico Eugene Wigner – secondo cui la coscienza dell'osservatore è necessaria per collassare la funzione d'onda – viene citata spesso a sostegno di questa tesi.

Eppure, non tutti concordano. Niels Bohr, uno dei padri della fisica quantistica, sosteneva che il collasso della funzione d'onda avviene quando interagiscono sistemi macroscopici (la scatola, il misuratore, ecc.), senza bisogno di includere la coscienza umana. Secondo Bohr, l'osservatore è importante, ma solo come parte del sistema misurante, non come una mente sovrana che plasma la realtà.

Il dibattito tra materialismo e idealismo nella filosofia della mente rimane irrisolto. E forse, come il gatto di Schrödinger, vive in una sovrapposizione tra le due posizioni. Ogni risposta solleva nuove questioni. Se il materialismo ha dalla sua la concretezza delle neuroscienze, l'idealismo affascina per la radicalità delle sue intuizioni: la realtà è così oggettiva come crediamo, o è un gigantesco sogno condiviso?

Unità della coscienza e sovrapposizione quantistica.

La fisica quantistica ci ha abituati a una realtà difficile da afferrare. Le particelle subatomiche possono trovarsi in sovrapposizione, occupando più di uno stato alla volta. Solo l'atto di osservare o, meglio, di misurare, forza la realtà a "scegliere" uno di questi stati. Lo stesso vale per il gatto metaforico, che diventa "vivo" o "morto" solo quando noi, come osservatori, lo guardiamo. Ma c'è un problema irrisolto: se la realtà può esistere in stati multipli, come può la coscienza umana percepirne uno solo?

Coscienza: un'apparente unità contro una realtà frammentata.

La coscienza, almeno per come la sperimentiamo, si presenta come un flusso unificato. William James, un padre della psicologia moderna, la descrisse con l'immagine del *"flusso di coscienza"*. Secondo James, anche se la mente può registrare infinite sfumature della realtà, viviamo ogni istante in una percezione coerente e indivisibile. Quando guardiamo dentro quella scatola, vediamo un gatto vivo o morto, non entrambe le cose.

Perché allora la nostra coscienza non registra mai l'esperienza della "sovrapposizione"? Perché non possiamo percepire il gatto come vivo e morto contemporaneamente? Qui, il paradosso di Schrödinger sembra fare eco a un altro grande problema irrisolto: il dualismo mente-corpo. Se la mente è parte dell'universo materiale, allora si comporta secondo le leggi della fisica. Ma se funziona al di sopra di queste leggi, come si relaziona con la realtà osservabile?

Alcuni studiosi suggeriscono che il cervello, pur lavorando con processi fisici classici, possa sfruttare meccanismi quantistici. La teoria controversa di Roger Penrose e Stuart Hameroff, nota come Orch-OR (teoria orchestrata della riduzione obiettiva), ipotizza che la coscienza nasca da processi quantistici nei microtubuli delle cellule cerebrali. In altre parole, il cervello potrebbe essere "quantistico" proprio come il gatto di Schrödinger. Ma questa teoria, affascinante quanto speculativa, non spiega perché percepiamo la realtà come unitaria, invece che frammentata.

Forse il limite è nostro. La coscienza umana è uno strumento straordinario, ma evolutivamente tarato ad affrontare il mondo macroscopico. Siamo bravissimi a cogliere un leone nella savana o a calcolare punti in una partita di tennis. Ma siamo pessimi nel comprendere il comportamento di un elettrone o i paradossi della fisica quantistica. Werner Heisenberg, il pioniere del principio d'indeterminazione, una volta affermò:

"Ciò che osserviamo non è la natura stessa, ma la natura esposta al nostro metodo di osservazione."

La stessa mente che osserva il gatto e decide se è vivo o morto è anche quella che si scontra con i suoi limiti.

Non è un caso che Albert Einstein, pur avendo contribuito a gettare le basi teoriche della fisica quantistica, non si sia mai sentito a suo agio con le sue implicazioni. Nel rispondere ai colleghi, una volta disse:

"La meccanica quantistica è certamente imponente. Ma una voce dentro di me mi dice che non è ancora la cosa reale."

Per Einstein, la realtà doveva seguire un ordine definito e comprensibile, non quello caotico delle sovrapposizioni probabilistiche.

Metafisica in una scatola: il limite tra scienza e filosofia.

Il dilemma mente-corpo ci costringe a ripensare il paradosso di Schrödinger sotto una luce filosofica. Se la coscienza non riesce a percepire la sovrapposizione, è perché non ne è in grado, oppure perché è progettata per non farlo? C'è chi vede in questa incapacità la prova che noi esseri umani siamo irriducibilmente radicati nel mondo classico, quello delle cose "o bianco o nero". Altri, meno romantici, ritengono che il concetto stesso di "unità della coscienza" sia una semplificazione. La mente, secondo questi studiosi, è solo il risultato sintetico di innumerevoli processi che lavorano in parallelo.

Eppure, ci ostiniamo a cercare un senso nelle sovrapposizioni. Indaghiamo la fisica quantistica non solo per spiegare la materia, ma anche per capire noi stessi. Come osservò David Bohm, fisico e filosofo visionario:

> *"In un universo quantistico, tutto è potenziale finché non lo osserviamo. Ma forse l'osservatore non è fuori da questo processo. Forse è parte dell'intero."*

Alla fine del nostro viaggio mentale, ci troviamo davanti alla solita scatola. Dentro c'è un gatto che attende il nostro sguardo per prendere forma. Quella scatola non è solo un esperimento di laboratorio, ma una scultura concettuale di noi stessi e dei nostri limiti.

Possiamo davvero separare chi osserva da ciò che viene osservato? Oppure, come sostiene la fisica moderna, l'unica realtà che possiamo conoscere è quella che emerge dall'interazione tra i due? L'unità della coscienza, di fronte al teatro quantistico di possibilità, resta un mistero. Ma, forse, è proprio il mistero che tiene viva la curiosità umana. Nell'attesa di aprire altre scatole, la domanda resta: il gatto è morto o vivo? E noi, siamo osservatori passivi o co-creatori della realtà?

Libero arbitrio e ruolo attivo della coscienza.

Nel cuore del famoso paradosso di Schrödinger si nasconde una domanda più radicale: quale ruolo gioca la coscienza nella realtà? La questione non si limita alla fisica quantistica, ma arriva a toccare la filosofia e lo stesso problema del libero arbitrio. Se la coscienza collassa la funzione d'onda – scegliendo, per così dire, una delle tante possibilità offerte dal mondo quantistico – allora essa sembrerebbe avere un ruolo attivo e creativo nella determinazione della realtà fisica. Questo ci conduce a un quesito centrale: siamo davvero liberi di influenzare il mondo, oppure la nostra libertà è solo un'illusione ben camuffata?

In una lettera scritta nel 1935, Einstein si espresse contro le implicazioni più controintuitive della meccanica quantistica, definendola "inaccettabile". Eppure, proprio il problema del Gatto di Schrödinger e degli stati sovrapposti ha introdotto nella fisica una discussione profondamente filosofica. Nel cosiddetto esperimento mentale, il gatto si trova in uno stato "vivoe-morto" finché non viene osservato dal ricercatore umano. Ma chi è, in questa vicenda, l'osservatore? È sufficiente un dispositivo di misurazione, come il contatore Geiger? O è necessaria la presenza di una mente cosciente, capace di attribuire significato?

John von Neumann, geniale matematico e architetto della moderna teoria quantistica, fu tra i primi a notare una connessione inquietante. Nel suo libro *"La fondazione matematica della meccanica quantistica"* (1932), von Neumann sostenne che il *"collasso dell'onda"* – quando le possibilità quantistiche si trasformano in una realtà concreta – richiede il coinvolgimento di un *osservatore cosciente*. È qui che il problema mente-corpo, radicato nella filosofia fin dai tempi di Cartesio, prende nuova forma nell'universo quantistico.

L'idea che la coscienza possa influenzare direttamente il mondo fisico, trasformandosi in una sorta di agente attivo, ha trovato sostenitori e critici. Eugene Wigner, altro gigante della scienza del XX secolo, fu tra coloro che considerarono seriamente questa possibilità. Nella sua concezione, il collasso quantistico avviene solo quando una mente cosciente osserva il sistema. Wigner lo espresse in modo provocatorio:

*"Senza la coscienza, il mondo fisico resta
indefinito, si dissolve in pura potenzialità".*

Ma quali sono le implicazioni di questa visione sul libero arbitrio? Se la coscienza è capace di determinare la realtà scegliendo tra stati quantistici, allora potrebbe essere vista come un atto di scelta deliberata. Pensiamo a un ipotetico esperimento: un individuo osserva un sistema e sceglie, consapevolmente o meno, di focalizzarsi su un risultato specifico. Questo non suggerirebbe una forma di libero arbitrio, un potere reale di influenzare il mondo? Oppure, al contrario, la coscienza stessa potrebbe essere determinata da processi fisici sottostanti, rendendo l'idea di una vera libertà un'illusione?

Roger Penrose, il celebre fisico e matematico britannico, ha esplorato queste tematiche nel suo libro *"La mente nuova dell'imperatore"* (1989). Secondo Penrose, la coscienza non può essere spiegata interamente dalle leggi standard della fisica. Egli, insieme al medico Stuart Hameroff, propose che i microtubuli nei neuroni possano servire da "strumenti quantistici", collegando il cervello umano ai misteriosi processi della meccanica quantistica. Se avessero ragione, la coscienza umana sarebbe non solo un osservatore passivo, ma un elemento attivo e potenzialmente libero nel determinare il corso degli eventi.

Filosofia, scienza e la grande sfida.

Il tema del rapporto tra coscienza e libero arbitrio si intreccia con interrogativi filosofici antichi. Se la coscienza può collassare la funzione d'onda, possiamo davvero parlare di libertà? Oppure la stessa scelta del collasso è predeterminata da fattori che sfuggono alla nostra capacità consapevole? David Hume, nel suo *"Trattato sulla natura umana"* (1739), notò che la complessità della mente umana può facilmente ingannarci, portandoci a credere nel libero arbitrio anche quando siamo immersi in un rigido determinismo.

Tuttavia, queste speculazioni non sono solo un esercizio astratto. All'incrocio tra Europa e Asia, il fisico russo-americano Andrei Linde ha avanzato l'idea che la coscienza non sia solo un'aggiunta accidentale alla realtà, ma possa essere parte integrante della struttura stessa dell'universo. Linde, famoso per i suoi contributi alla teoria dell'inflazione cosmica, ha dichiarato:

> *"L'universo e l'osservatore devono essere considerati come parti inseparabili di un unico sistema".*

Qui il confine tra scienza e filosofia si dissolve, lasciandoci con la più antica delle domande: *"Chi siamo?"* e *"Quanto conta la nostra libertà di essere?"*

Oltre il paradigma cartesiano

È affascinante notare come, nel XXI secolo, scienza e filosofia siano chiamate a confrontarsi su terreni un tempo distinti. Se il modello classico della fisica cartesiana tendeva a considerare la mente e la materia come due domini separati, la meccanica quantistica sembra costringerci a rivedere questa distinzione. Una mente in grado di alterare il mondo fisico – o almeno di determinare uno stato quantistico con la propria osservazione – rimette in discussione non solo il rapporto mente-corpo, ma anche il concetto fondamentale di identità.

Forse, come suggerisce il fisico Carlo Rovelli, l'universo non è fatto di "cose", ma di relazioni. La domanda non è più solo cosa osserva la coscienza, ma come essa si relaziona alla realtà. Un viaggio, quello del Gatto di Schrödinger, che sembra portarci fino al confine stesso della nostra comprensione, lasciandoci con più domande di quante risposte possiamo contenere.

Il legame tra il paradosso di Schrödinger e il problema mente-corpo consiste nella centralità della coscienza e nell'incerta linea di confine tra il mentale e il fisico. Mentre alcune interpretazioni vedono il collasso della funzione d'onda come un processo puramente fisico, altre lasciano spazio all'idea che la mente cosciente giochi un ruolo fondamentale nella realtà, avvicinando queste riflessioni al cuore dei dibattiti filosofici sulla natura della coscienza e del suo rapporto con il mondo.

Libero arbitrio e compatibilismo.

Il concetto di libero arbitrio ha affascinato e tormentato filosofi, scienziati e teologi per secoli. È davvero possibile che gli esseri umani abbiano la capacità di compiere scelte libere, oppure ogni nostra azione è determinata da una catena di cause precedenti? Anche il compatibilismo, una corrente filosofica che cerca di conciliare il libero arbitrio con il determinismo, nasce da questa tensione tra libertà e necessità, tra caos e ordine.

Il compatibilismo è l'idea che il libero arbitrio possa coesistere con il determinismo, cioè con l'idea che ogni evento è l'effetto prevedibile di un insieme di cause precedenti. Secondo i compatibilisti, l'esistenza di leggi causali non implica necessariamente che l'essere umano sia privo di libertà. "Libertà" non significa mancanza di vincoli o causalità, ma la capacità di agire secondo la propria volontà, anche se questa volontà è a sua volta determinata da fattori esterni o interni.

Già nell'antichità, filosofi come Epicuro si interrogavano su una possibile libertà da un universo governato dal determinismo. Epicuro propose il concetto del "*clinamen*", una deviazione casuale degli atomi, per introdurre un margine di libertà nell'universo rigidamente meccanicistico di Democrito. Nonostante le critiche, questa "*fuga nel caos*" ispirò riflessioni successive, sebbene il compatibilismo moderno si sviluppi principalmente in epoca moderna e contemporanea.

Il filosofo scozzese David Hume (1711-1776) è stato una figura chiave nello sviluppo del compatibilismo. Hume affermava che il libero arbitrio esiste, ma solo nella misura in cui siamo in grado di agire liberamente secondo i nostri desideri e motivazioni, senza costrizioni esterne. Questo tipo di libertà, che potremmo chiamare "*libertà compatibilista*", non richiede che l'essere umano sia indipendente dalle leggi naturali. Hume scrisse:

> *"La libertà non è altro che il potere di agire o non agire secondo la determinazione della volontà".*

Un esempio pratico di libertà compatibilista potrebbe essere il seguente: un uomo decide di passeggiare in un parco perché lo desidera. Anche se la sua decisione è determinata da una serie di esperienze, desideri e credenze (ad esempio, la sua preferenza per il parco rispetto alla città), egli agisce liberamente perché non è costretto da nessuno a farlo. La "coercizione" è esclusa, ma il determinismo rimane.

Baruch Spinoza: un passo oltre il compatibilismo

Molto prima di Hume, un approccio simile era già stato discusso da Baruch Spinoza (1632-1677). Spinoza, con una visione profondamente deterministica dell'universo, negava l'esistenza del libero arbitrio come indipendenza assoluta. Egli scrisse: .

"Gli uomini si credono liberi perché sono consapevoli dei loro desideri, ma ignorano le cause da cui dipendono."

Per Spinoza, la libertà non è il contrario del determinismo. Piuttosto, la vera libertà si ottiene comprendendo le cause che ci motivano. Questo profondo legame tra conoscenza e libertà lo ha portato a concludere che un uomo libero è colui che agisce secondo la sua "natura razionale", accettando il determinismo come parte dell'ordine universale divino. Sebbene il pensiero di Spinoza si ponga al confine tra compatibilismo e determinismo rigido, la sua prospettiva continua a influenzare il dibattito sul libero arbitrio.

Daniel Dennett e il compatibilismo scientifico.

In tempi recenti, il filosofo contemporaneo Daniel Dennett (nato nel 1942) è diventato uno dei principali difensori del compatibilismo. Dennett suggerisce che il libero arbitrio non dovrebbe essere confuso con una sorta di "magia cosmica" che ci rende indipendenti dalle leggi fisiche dell'universo. Al contrario, il libero arbitrio è un costrutto pratico e funzionale che sorge nel cervello umano come risultato dell'evoluzione. Secondo Dennett, il compatibilismo non è soltanto una posizione metafisica, ma una condizione necessaria per il funzionamento delle società: credere nel libero arbitrio è utile per la morale e la responsabilità individuale.

Un aneddoto interessante legato a questa visione è il "*caso di Phineas Gage*". Gage, un operaio ferroviario del XIX secolo, sopravvisse a un incidente in cui una barra di ferro gli attraversò il cranio, danneggiando gravemente i lobi frontali del cervello. Dopo l'incidente, i suoi comportamenti e impulsi cambiarono drasticamente, dimostrando la complessa relazione tra il cervello, la personalità e la capacità di prendere decisioni. Se le nostre scelte sono profondamente legate alla struttura del nostro cervello, fino a che punto possiamo considerarci liberi?

Nell'odierna epoca scientifica, il compatibilismo rappresenta una risposta intermedia tra due visioni apparentemente opposte dell'esistenza umana: il determinismo materialista da un lato e l'idea di libero arbitrio assoluto dall'altro. La possibilità che esseri umani possano essere sia "macchine biologiche" sia agenti liberi continua a stimolare il pensiero filosofico e scientifico. Non è una risposta definitiva, né un compromesso debole. È, piuttosto, la convinzione che la libertà, come scrisse Hume, sia prima di tutto un modo di agire, secondo noi, stessi. E in questo, forse, c'è più verità che mito.

Se accettiamo la visione compatibilista, possiamo sostenere che la coscienza, proprio come l'osservatore nel paradosso di Schrödinger, è un elemento attivo nella definizione della realtà. Il libero arbitrio non si trova nel sottrarsi alle leggi della fisica, ma nell'abilità di inserirsi in esse, di interagire con un complesso intreccio di determinismo e casualità.

La vera libertà, in questa chiave, potrebbe consistere nell'abilità di orientare il caos quantistico verso scopi significativi. Un po' come il gatto di Schrödinger, siamo vivi (e forse liberi) finché qualcuno, o qualcosa, non spezza la nostra sovrapposizione di possibilità.

Critica al libero arbitrio quantistico.

Alcuni studiosi hanno tentato di collegare la meccanica quantistica all'idea di libero arbitrio. A differenza della fisica classica, dominata da un rigido determinismo, la teoria quantistica introduce il concetto di indeterminatezza. Nel caso del gatto, il suo destino – vivo o morto – è determinato solo nel momento in cui apriamo la scatola, quando la funzione d'onda collassa in uno stato definito. Questo sembra suggerire che il mondo non sia del tutto predeterminato, ma aperto a un margine di novità. Tuttavia, questa apertura è davvero sufficiente per spiegare il libero arbitrio?

Il fisico John Conway e il matematico Simon Kochen, con il loro "*Free Will Theorem*" del 2006, hanno offerto una riflessione provocatoria. Secondo loro, se gli osservatori umani hanno libero arbitrio, allora anche le particelle elementari, in un certo senso, devono averlo. Ma qual è il valore di decisioni prese da una particella che sembra scegliere il proprio stato in modo puramente casuale?

Gli scettici sostengono che la casualità non è una soluzione al problema del libero arbitrio. Il filosofo Daniel Dennett osserva:

> *"Aggiungere un pizzico di caos non trasforma un robot in una mente libera".*

Le scelte dettate dal caso non sono migliori di quelle rigidamente programmate; in entrambi i casi, ciò che manca è un'autentica volontà autonoma.

Da questa prospettiva, il paradosso del gatto non è rilevante tanto per il libero arbitrio in senso stretto ma, piuttosto, per comprendere i vincoli strutturali entro cui operano mente e coscienza. La filosofia classica, già da secoli, ci aveva fatto intuire che l'essere umano è un'entità limitata. Platone, nella sua Allegoria della caverna, descriveva gli uomini come prigionieri, capaci di vedere solo ombre della realtà. Kant, molti secoli dopo, sosteneva che la mente umana non può accedere direttamente al "noumeno", la realtà in sé, ma è vincolata a esperire il mondo attraverso le proprie categorie.

Schrödinger e la meccanica quantistica complicano ulteriormente il quadro. Ci mostrano un universo non solo inaccessibile ma anche intrinsecamente ambiguo, governato da leggi che sembrano sfidare ogni intuizione logica. La coscienza dell'osservatore, che risolve il destino del gatto, si trova quindi a operare su una realtà in cui i confini tra ordine, caos e probabilità sono, per loro natura, sfumati.

La scatola in cui viviamo.

Prendiamo Oscar Wilde. In una nota frase, Wilde scrisse che:

"Vivere è la cosa più rara al mondo. La maggior parte delle persone esiste, e nulla più".

Questo sembra adattarsi perfettamente al paradosso di Schrödinger, dove una realtà sospesa – un gatto né vivo né morto – richiama la mezza vita di chi si limita a galleggiare, senza mai varcare i confini del "giusto possibile". Ma che possibilità abbiamo di scegliere, se la libertà è schiava dei vincoli della nostra mente e del collasso delle funzioni d'onda?

In un celebre dialogo immaginario ambientato nel 1940 e attribuito erroneamente allo scienziato Niels Bohr, un giovane assistente chiede:

"Il gatto vuole vivere o morire?"

Bohr replica:

"La domanda sbagliata non ha risposta."

Forse il vero problema non è nemmeno il libero arbitrio, ma il fatto che continuiamo a porci domande in termini troppo rigidi.

La filosofia del XX secolo, da Heidegger a Sartre, ha insistito proprio su questo punto: l'essere umano non è determinato né dal destino né dal caso, ma vive in una tensione costante tra libertà e limite. Schrödinger stesso, appassionato di cultura orientale, potrebbe aver trovato un parallelo in certe letture della filosofia indiana, dove la vera libertà non è "scegliere", ma trascendere i dualismi.

Il paradosso del Gatto di Schrödinger chiede di sospendere le facili soluzioni, soprattutto quelle che cercano salvezza nella casualità quantistica. L'idea che il comportamento delle particelle elementari possa orientarci verso una risposta definitiva sul libero arbitrio è, forse, tanto ingenua quanto affascinante. Tuttavia, il gatto nella scatola ci offre un'immagine potente: non siamo osservatori neutrali della realtà. Partecipiamo continuamente alla sua costruzione, ma lo facciamo entro i confini delle leggi che regolano mente, coscienza e universo. Non sappiamo se il gatto voglia vivere o morire. Ciò che conta, forse, è comprendere che perfino la scatola – luogo e limite – fa parte di ciò che siamo.

Confronto con altre prospettive filosofiche.

Comparazione con il dualismo cartesiano.

Quale ruolo gioca la coscienza nella realtà fisica? La connessione tra osservazione e collasso della funzione d'onda ha spinto molti filosofi a esplorare paralleli con modelli classici della mente, come il dualismo cartesiano di René Descartes. Ma quale utilità ha questo confronto? E quali limiti presenta alla luce della scienza moderna?

Nel XVII secolo, René Descartes propose una visione del tutto rivoluzionaria per il suo tempo: il dualismo mente-corpo. Secondo Cartesio, la realtà era divisa in due sostanze fondamentali e separate. Da un lato c'era la "*res cogitans*", il pensiero, l'anima, la coscienza; dall'altro, la "*res extensa*", la materia, tutto ciò che è misurabile e occupa spazio. Per Descartes, la mente (o anima) era qualcosa di immateriale e indipendente, in grado, tuttavia, di influenzare in qualche modo il corpo materiale attraverso la ghiandola pineale, una piccola struttura anatomica situata nel cervello.

Riflettendo sul paradosso del gatto di Schrödinger, si potrebbe tracciare un parallelo tra questa idea di influenza della mente sulla materia e la nozione di collasso della funzione d'onda. Alcuni interpreti radicali della meccanica quantistica, come Eugene Wigner, ipotizzarono che fosse proprio la coscienza dell'osservatore a provocare il collasso, passando da uno stato di sovrapposizione a una realtà concreta. In altre parole, senza l'intervento di una mente consapevole, la fisica resterebbe sospesa in una nube di possibilità. Questo, però, richiama inevitabilmente una domanda: possiamo davvero considerare la coscienza l'arbitro della realtà?

Se è vero che l'idea di collegare il mondo quantistico alla coscienza sembra intrigante, la scienza contemporanea ha mostrato numerosi limiti di questa interpretazione, così come ha sollevato ampie critiche all'idea cartesiana di dualismo. Già nel Settecento, Benedictus Spinoza aveva sfidato Cartesio proponendo il monismo: mente e materia non sarebbero due sostanze separate, ma due aspetti di una stessa realtà fondamentale. La scienza moderna, con i suoi progressi nello studio del cervello, ha raccolto questa sfida, mostrando come molti fenomeni legati alla coscienza dipendano in modo diretto dai processi materiali del sistema nervoso.

Allo stesso tempo, la maggior parte degli interpreti della meccanica quantistica rigetta l'ipotesi della "coscienza quantica". Interpretazioni come quella dei "Molti Mondi" di Hugh Everett negano del tutto il bisogno di un osservatore consapevole. Per Everett, ogni possibile stato quantistico si realizza in un universo parallelo, e il gatto è sia vivo sia morto, solo che questa sovrapposizione si divide in linee di realtà distinte. L'osservatore non fa collassare nulla: la sua percezione è semplicemente confinata a uno dei tanti mondi possibili.

Il dualismo cartesiano ha influenzato non solo la scienza, ma anche la letteratura, la religione e l'arte. Si pensi all'opera di Alfred Tennyson, che nelle sue poesie esplorava il confine tra mente immortale e corpo materiale, o al dibattito sull'anima ai tempi della Rivoluzione Scientifica. In modo simile, il paradosso del gatto di Schrödinger ha ispirato romanzi, film e opere teatrali, come "*Rosencrantz e Guildenstern sono morti*" di Tom Stoppard, dove i personaggi vivono un'esistenza sospesa, incerti sulla loro realtà.

Tuttavia, sia il dualismo di Cartesio che l'idea di una "coscienza quantica" trovano difficoltà a confrontarsi con il rigore della scienza moderna. La neuroscienza ha dimostrato quanto siano meccanici i processi cerebrali, mentre la fisica quantistica privilegia modelli che non richiedono l'intervento soggettivo della mente. Questo non significa però che il dibattito sia chiuso: come Schrödinger stesso sottolineava, la meccanica quantistica non ci dice nulla sul "*qui ed ora*", sull'esperienza soggettiva e immediata del presente.

Nel 1929, Martin Heidegger scriveva che "la scienza non pensa". Non era un'accusa, ma una constatazione: la scienza descrive e misura fenomeni, ma lascia alla filosofia il compito di riflettere sui significati più profondi. Il paradosso del gatto ci invita a riflettere su chi siamo e sul ruolo che la nostra coscienza gioca nella realtà che osserviamo. Forse non arriveremo mai a una risposta definitiva, né sul libero arbitrio, né sul confine tra mente e materia. Tuttavia, come Cartesio, Schrödinger e tanti altri, continueremo a cercare. E, in questa ricerca, scopriremo non solo qualcosa di nuovo sulla realtà, ma anche su noi stessi.

Prospettive fenomenologiche.

Tra le implicazioni più profonde del paradosso del gatto vi è quella che tocca direttamente il nostro concetto di coscienza e il libero arbitrio. Ma cosa succederebbe se leggessimo il paradosso attraverso le lenti della fenomenologia, con pensatori come Martin Heidegger o Maurice Merleau-Ponty?

Secondo la fisica quantistica, il Gatto di Schrödinger – imprigionato in una scatola ideale, vivo e morto allo stesso tempo fino all'osservazione – esiste in uno stato di sovrapposizione. Ma chi è che "osserva"? È qui che liberiamo il problema da un contesto puramente fisico e lo immettiamo in un confronto filosofico. Heidegger e Merleau-Ponty, figure chiave della fenomenologia, potrebbero avvicinarsi al gatto come a un esempio del ruolo centrale dell'esperienza umana nella costruzione della realtà.

Heidegger: l'essere e il mistero dell'osservatore.

Martin Heidegger, nel suo capolavoro *"Essere e Tempo"* (1927), ci ricorda che la realtà non "è" semplicemente: la realtà *appare* a un soggetto che la vive e la interpreta. Questo processo avviene attraverso ciò che Heidegger chiama il *Dasein*, ovvero il *"modo umano di essere-nel-mondo"*. Se applicassimo questa intuizione al paradosso quantistico, potremmo dire che il gatto non è semplicemente vivo o morto, ma acquisisce significato solo nel momento in cui l'osservatore manifesta la possibilità di un incontro con il fenomeno.

La fisica, quindi, non descriverebbe un mondo "oggettivo", indipendente da noi. Piuttosto, suggerirebbe un universo plasmato dall'interazione tra osservatore e osservato. Heidegger potrebbe sottolineare la domanda: *chi è davvero imprigionato nella scatola, il gatto o l'osservatore stesso?* L'osservatore, dopotutto, è colui che cerca di "aprire" quella dimensione di significato.

Merleau-Ponty e il corpo come medium della realtà.

Più esperienziale e radicato nella concretezza del mondo apparente è l'approccio di Maurice Merleau-Ponty, grande erede della fenomenologia. Nel suo *"Fenomenologia della percezione"* (1945), Merleau-Ponty afferma che la realtà è indissolubilmente legata al corpo. Noi non siamo meri spettatori del mondo; lo esperiamo attraverso il nostro essere fisico ed emotivo, il nostro corpo come elemento che si muove nello spazio.

Se trasponiamo questa prospettiva al Gatto di Schrödinger, potremmo immaginare la sovrapposizione quantistica (vivo e morto) come qualcosa di più che un semplice calcolo matematico. Essa può essere interpretata come la manifestazione di una relazione che dipende dalla nostra concreta esperienza del mondo, in cui corpo ed essenza si intrecciano.

Merleau-Ponty potrebbe osservare che non esiste un "osservatore puro", distaccato. Ogni sguardo umano sul mondo avviene attraverso un medium: un corpo che osserva, una mente che interpreta, un'esperienza che vive. Questo suggerisce che anche nell'osservazione scientifica, che pretende di essere neutrale e oggettiva, agiscono sempre i limiti e le possibilità dell'esperienza umana.

C'è una curiosa connessione tra il paradosso del gatto e la fenomenologia che va oltre la fisica e la filosofia. Si può fare un riferimento storico che getta luce sulla comune radice di queste questioni. Gli esperimenti quantistici come quello ideato da Schrödinger mettono in discussione il realismo classico, ovvero l'idea che il mondo abbia uno stato definito a prescindere dal nostro atto di osservare. L'aspetto quantistico sembra richiamare, in qualche modo, l'antica intuizione cartesiana: prima di tutto, io sono un essere pensante, che esperisce il mondo.

Tuttavia, mentre Cartesio metteva un netto confine tra mente e mondo, tra soggetto e oggetto, sia Merleau-Ponty sia Heidegger rifiutano questa separazione. Per loro, come per il gatto di Schrödinger, il confine è sfocato. L'osservatore e l'osservato non sono due entità distinte ma co-costruiscono la realtà.

Non si può negare un fatto sorprendente. Il paradosso del Gatto di Schrödinger ci offre più di un'indagine sul mondo subatomico: ci chiama a riflettere sui limiti della nostra conoscenza e sui confini tra soggetto e realtà. La fenomenologia, con l'accento posto sull'esperienza vissuta e sulla relazione tra mente e corpo, amplia l'intuizione che la fisica quantistica offre.

Forse il gatto di Schrödinger è qualcosa di più di un felino intrappolato in una scatola. È un invito a ripensare il nostro ruolo di osservatori. Come Heidegger e Merleau-Ponty ci hanno insegnato, il mondo non "è" senza di noi. La libertà stessa – quella di scegliere, comprendere e vivere – esiste nei margini di tale incontro, di quell'affascinante e misteriosa danza tra il fisico e il fenomenologico, tra l'osservatore e la realtà.

Compatibilità tra libero arbitrio, fisica classica e fisica quantistica.

Per secoli, il libero arbitrio ha trovato un solido nemico nella determinazione della fisica classica. Il celebre fisico e matematico francese Pierre-Simon Laplace, nel XIX secolo, formulò un'idea che sarebbe poi stata chiamata "Demone di Laplace". In questo modello, un'entità onnisciente che conosce lo stato di ogni particella dell'universo sarebbe in grado di prevedere ogni evento futuro, eliminando qualsiasi spazio per la libertà di scelta. Secondo la fisica classica, quindi, il mondo si muoverebbe come un orologio perfettamente deterministico.

La fisica quantistica ribalta questa visione. L'indeterminazione e il ruolo dell'osservatore, derivanti dal principio di indeterminazione di Heisenberg e resi celebri dal paradosso del gatto di Schrödinger, sembrano reintrodurre la possibilità che la libertà non sia solo un'illusione. Se lo stato di una particella (o di un gatto) rimane indefinito fino a quando non viene osservato, allora il ruolo della coscienza umana nell'influenzare la realtà appare cruciale.

Ma qual è la natura di questa coscienza? E il libero arbitrio rientra davvero nella struttura apparentemente probabilistica del mondo quantico?

Alcune prospettive filosofiche contemporanee tentano di rispondere riflettendo sulla relazione tra coscienza e struttura fondamentale della realtà. Tra queste, il panpsichismo sta guadagnando terreno nel dibattito accademico moderno. Tradizionalmente attribuito a pensatori come Baruch Spinoza, oggi trova nuovi promotori in filosofi come Philip Goff e Galen Strawson. Secondo il panpsichismo, la coscienza non è un fenomeno emergente esclusivo delle menti umane o animali, ma è intrinseca, in forma elementare, alla materia stessa. Anche un elettrone, per quanto improbabile possa sembrare, potrebbe possedere una "forma basilare di coscienza".

Se accettiamo questa visione, allora il libero arbitrio potrebbe non essere limitato alla scala macroscopica, ma riflettersi in una sorta di "libertà" implicita anche nel comportamento quantistico delle particelle. Il panpsichismo postula un universo in cui materia e coscienza si intrecciano profondamente, un'idea che si collega anche alle antiche filosofie orientali, come quella vedantica o taoista, che consideravano l'interconnessione tra coscienza e realtà ontologica.

Erwin Schrödinger stesso, creatore dell'omonimo paradosso del gatto, non era estraneo alle filosofie orientali. Affascinato dal pensiero vedantico, Schrödinger scrisse nel suo libro *"What is Life?"*:

> *"La mente non è separabile dalla materia. Sono tutt'uno".*

Schrödinger abbracciò l'idea che la coscienza non fosse semplicemente un epifenomeno della fisica, ma una componente fondamentale dell'universo. La coincidenza tra il suo interesse per l'unità della realtà e il paradosso quantistico non è casuale.

In un certo senso, la sua idea del gatto vivo e morto è un'eco delle antiche visioni orientali sull'esistenza delle possibilità simultanee e interconnesse. La coscienza, in questa prospettiva, diventa il "ponte" che unifica le molteplici possibilità in un'unica esperienza del reale.

Di fronte a visioni radicali come il panpsichismo, la filosofia occidentale ha spesso affrontato il problema del libero arbitrio e della realtà seguendo strade diverse, seppur contrastanti. I filosofi compatibilisti come David Hume sostengono che il libero arbitrio può coesistere con un universo deterministico, purché venga definito come la capacità di agire in accordo con i propri desideri, piuttosto che contro un destino cieco.

Eppure, nel contesto della fisica quantistica, il determinismo sembra scivolare via tra le dita. L'indeterminatezza delle particelle e la dipendenza dell'esito dagli atti di osservazione rimettono in discussione ciò che pensavamo di sapere su causalità e libertà. La realtà stessa sembra emergere solo quando la osserviamo. Questo è un concetto che il filosofo moderno Carlo Rovelli definisce come "visione relazionale" della realtà: non esiste un mondo oggettivo e indipendente, ma tutto è interrelato.

Se il libero arbitrio deve giocare un ruolo, forse non si trova né nello scontro con il determinismo classico né nella casualità quantistica, ma piuttosto in questa trama relazionale in cui l'osservatore diventa co-creatore della realtà.

Filosofia e neuroscienze: la coscienza come illusione?

Non mancano, però, altre prospettive che mettono in dubbio tutto questo ottimismo quantistico. Neuroscienziati come Daniel Dennett e filosofi come

Patricia Churchland sostengono che la coscienza, lungi dall'essere il motore del libero arbitrio, potrebbe non essere altro che un'illusione evolutiva. Le nostre decisioni, in questa visione, sono il prodotto di processi incoscienti profondamente determinati prima che la "coscienza" le presenti a noi.

Tuttavia, proprio il paradosso di Schrödinger sembra aggiungere una nota discordante a questa visione puramente materialista. Se la realtà quantistica rimane indefinita fino a quando un osservatore non la determina, come possiamo dire che la coscienza – singola, soggettiva, irriducibile – sia un mero sottoprodotto?

Il Gatto di Schrödinger continua a essere un fertile terreno di dibattito tra fisica, filosofia e neuroscienze. Il confronto con visioni filosofiche come il compatibilismo occidentale, il determinismo materialista o il panpsichismo ci mostra la complessità del mistero della coscienza e del libero arbitrio.

Forse non siamo marionette di un universo deterministico, ma nemmeno spettatori passivi di un gioco di dadi. Tra il "vivo" e il "morto" del gatto, potrebbe esserci molto altro. Per esempio, potrebbe esserci : la possibilità che noi stessi, coscienze osservatrici, componiamo il tessuto della realtà. E questo, in fondo, è il più grande privilegio del mistero umano.

La relazione tra necessità e possibilità.

Ma il paradosso del gatto riguarda soltanto l'affascinante mondo microscopico delle particelle, oppure ci suggerisce qualcosa di più vasto? Esplorare le implicazioni metafisiche del fenomeno significa addentrarsi nella relazione profonda tra necessità e possibilità, e persino riflettere sul ruolo della coscienza umana nella definizione del reale.

Nel mondo quantistico, la realtà sembra non essere un insieme rigido di fatti già determinati, ma piuttosto una rete dinamica di possibilità che attendono di essere attualizzate. L'idea del gatto in superposizione ci conduce dunque a un'interessante analogia con il concetto di libero arbitrio: se il mondo stesso è un "campo d'indeterminazione", in che modo le scelte umane modellano davvero l'universo che abitiamo?

Per rispondere, possiamo guardare indietro ad alcuni dialoghi filosofici.

Il *"De Interpretatione"* è una delle opere fondamentali della logica aristotelica e ha avuto una grande influenza nella storia della filosofia, specialmente nel pensiero medievale, grazie anche ai commentatori come Boezio e Averroè.

In quest'opera Aristotele distingueva tra eventi che accadono per necessità e quelli che appartengono al regno della possibilità. Per esempio, il fatto che il sole sorge ogni giorno è un evento necessario: non può non accadere. Ma ciò che il singolo essere umano sceglie di fare con la sua giornata si colloca invece nel regno della possibilità. Il gatto di Schrödinger, con la sua duplice condizione (vivo e morto), è un'intrigante immagine moderna di questa distinzione: una possibilità resta tale fino a che una scelta, interna o esterna, non la rende necessaria.

Se applichiamo questo concetto alla libertà umana, vediamo che ogni decisione potrebbe essere interpretata come l'atto di "osservazione" che collassa l'universo delle possibilità in un'unica realtà. Ci troviamo di fronte all'idea che non esista una realtà prestabilita, ma che l'interazione tra coscienza e mondo crei la realtà stessa. Questo dà nuovo slancio alla tradizione filosofica secondo cui l'umano è, in un certo senso, anche creatore del reale. Già nel XIX secolo, Friedrich Schelling affermava che la libertà umana non si limita a una dimensione pratica, ma è il "fondamento metafisico dell'essere", un potere intrinsecamente creativo.

La coscienza come osservatore.

Un altro aspetto metafisico affascinante del gatto di Schrödinger riguarda il ruolo cruciale dell'osservatore, che alcuni interpreti spingono fino al concetto di coscienza. Perché il gatto si trovi in quello stato paradossale di "superposizione", occorre che nessun osservatore stia guardando dentro la scatola. È l'atto di osservare che determina la realtà finale. Ma chi o cosa dà origine all'osservazione? Se, per esempio, consideriamo la coscienza come l'unica vera "osservatrice" dell'universo, potremmo chiederci: il mondo esiste solo perché c'è qualcuno che lo guarda?

Questa idea non è nuova. Già nel XVIII secolo, il filosofo irlandese George Berkeley avanzò una teoria simile, sostenendo che gli oggetti esistono solo nella misura in cui sono percepiti: *"esse est percipi"* (esistere significa essere percepiti). In una lettura attualizzata del gatto di Schrödinger, possiamo vedere un riflesso dell'intuizione di Berkeley: le cose esistono davvero solo in relazione a un osservatore che le percepisce, le "sceglie" e le porta alla luce.

Ma allora chi osserva l'intero universo? In un'ipotesi ben più speculativa di Berkeley, il filosofo rispondeva: "Dio", ovvero la coscienza divina che tiene tutto in esistenza. Anche in questa cornice, possiamo leggere il paradosso del gatto come una metafora di un universo che esiste in potenza, nei limiti del possibile, e che necessita di un atto di "consapevolezza" per essere reso reale.

Il paradosso del gatto suggerisce anche un'altra verità profonda: l'individuo percepisce la realtà come un'alternanza tra possibilità interne e vincoli esterni. Per esempio, la vita personale assomiglia a una "scatola di Schrödinger". Un uomo o una donna, fino a che non prende una decisione, vive in una condizione di "superposizione": tutto è ancora possibile. Ma nel momento in cui una scelta viene compiuta, la gamma di possibilità si riduce, e solo una realtà emerge.

Questa tensione tra necessità e possibilità è stata esplorata anche dal filosofo francese Jean-Paul Sartre. Sartre, nel suo esistenzialismo, proponeva che la libertà umana non risieda nel fare tutto ciò che si desidera, ma nell'assumere la responsabilità per le scelte fatte. Proprio come nel paradosso quantistico, Sartre vedeva ogni decisione umana come un "collasso dell'indeterminato". Egli scrive:

"L'essere umano è condannato a essere libero:
ogni suo atto è una scelta, ed è l'unico responsabile
delle sue conseguenze."

È interessante notare come il paradosso di Schrödinger sembri risuonare profondamente con questa visione esistenziale: il libero arbitrio non è semplicemente un'opzione illimitata, ma l'arte di rendere una possibilità viva e reale.

Ontologia del possibile.

Il paradosso del Gatto di Schrödinger, icona della fisica quantistica, non è solo un rompicapo scientifico. Esso ci invita a riflettere su temi ben più profondi: la natura della realtà, la libertà umana e il significato della coscienza. A livello metafisico, il cuore della questione risiede nella relazione tra il possibile e il reale. Rimane quindi una domanda affascinante: se ciò che è possibile può avere una sua realtà, come cambia la nostra comprensione della libertà umana?

Fu Erwin Schrödinger, nel 1935, a proporre l'esperimento mentale del famoso gatto. Una creatura, rinchiusa in una scatola, è viva e morta al tempo stesso, in attesa che un osservatore apra la scatola per "determinare" il suo destino. Questo stato di sovrapposizione - dove due possibilità coesistono - non è solo un problema di fisica teorica. È un enigma che tocca le basi stesse della nostra esistenza.

La fisica ci offre varie risposte. Tra di esse, una delle più radicali è l'interpretazione a molti mondi di Hugh Everett, proposta nel 1957. Secondo questa teoria, tutte le possibilità che coinvolgono il gatto (essere vivo ed essere morto) esistono simultaneamente, ma in universi paralleli separati. Ciò significa che ogni volta che si verifica una scelta o un evento, la realtà si biforca in una molteplicità di mondi.

Da un punto di vista metafisico, la visione dei "molti mondi" comporta una rivoluzione nell'idea di libertà. Il libero arbitrio non sarebbe più una questione di "scegliere una strada" mentre si scartano tutte le altre.

Al contrario, tutte le possibilità che possiamo immaginare esistono già e continuano ad esistere, ma distribuite in dimensioni parallele. Noi non creiamo "qualcosa dal nulla" quando scegliamo. Piuttosto, il libero arbitrio sarebbe la capacità di muoversi attraverso queste possibilità preesistenti, come navigatori su una mappa infinita di realtà.

Per capire questo legame tra il libero arbitrio e l'ontologia del possibile, la coscienza diventa centrale. Non è un caso che filosofi come Søren Kierkegaard abbiano riflettuto sul senso delle scelte umane attraverso il concetto di *"fortemente angoscioso"*, proprio perché ogni scelta apre un ventaglio di possibilità. La coscienza umana, diversamente dalla materia inanimata, sembra vivere nel regno del possibile. Il matematico Roger Penrose, ad esempio, ha ipotizzato che le dinamiche quantistiche siano collegate alla mente umana, facendo del nostro pensiero una forma di "osservazione" che determina la realtà.

Se torniamo alla metafisica, anche Aristotele aveva riconosciuto la tensione tra due concetti fondamentali: "potenza" e "atto". La potenza rappresenta ciò che è possibile, l'atto ciò che è realizzato. Schrödinger ha trasportato questa antica dicotomia nell'universo quantistico, suggerendo che la realtà resta sospesa tra infinite possibilità fino a quando la coscienza non interviene per "attualizzarla". In questa prospettiva, il libero arbitrio non consisterebbe tanto nel generare nuove possibilità, quanto nell'attualizzare quelle già presenti, scegliendo tra esse.

La metafisica del possibile ridefinisce la libertà. Se il mondo non è un'unica linea temporale, ma un intrico di possibilità, ogni momento offre un'apertura su un ventaglio di scelte. Il filosofo tedesco Friedrich

Schelling aveva esplorato un'idea simile, affermando che la libertà umana è un continuo processo creativo, in cui l'essere umano partecipa all'atto divino di creare il mondo.

Il paradosso di Schrödinger e l'interpretazione a molti mondi ci suggeriscono lo stesso principio, pur senza richiamare il divino: la libertà non è solo un meccanismo cerebrale o una scelta individuale. È la capacità di riconoscere e abitare un universo di possibilità.

Queste riflessioni non risolvono il mistero della libertà umana né della coscienza. Al contrario, lo amplificano. Ma ci lasciano con una visione entusiasmante: quella dell'essere umano come esploratore di possibilità, capace di muoversi tra gli infiniti sentieri che la realtà offre. Il paradosso di Schrödinger, nato per confondere le menti dei fisici, potrebbe dunque illuminare uno degli enigmi più antichi della filosofia: che cosa significa essere veramente liberi?

In definitiva, il Gatto di Schrödinger non è solo un giocattolo della fisica moderna. È un simbolo potente, che ci sfida a ripensare la realtà non come un fatto statico e determinabile, ma come un mosaico infinito di possibilità, tutte in attesa che la coscienza le porti a compimento.

La coscienza come osservatore della realtà.

Nel cuore del paradosso c'è la cosiddetta "superposizione quantistica". Prima che si apra la scatola che contiene il gatto—e, con essa, la possibile fiala di veleno—il gatto stesso esiste in uno stato indefinito: vivo e morto allo stesso tempo. Questo stato perdura finché un osservatore non compie un atto decisivo, aprendo la scatola e "collassando" la realtà in una delle due opzioni.

L'implicazione è chiara: la coscienza umana sembra possedere un ruolo attivo nella determinazione della realtà. Qui emerge un filo intimamente metafisico. Se la realtà quantica dipende da un atto di osservazione, allora l'essere umano non è solo spettatore passivo dell'universo, ma co-creatore attivo. Questo ruolo implica una dimensione in cui la libertà umana—intesa come potere di scelta consapevole—diventa il meccanismo attraverso cui si definisce ciò che è reale.

Un aspetto meno discusso, ma altrettanto affascinante, è il legame tra il paradosso del gatto e il concetto di tempo. Fino al momento dell'osservazione, il tempo sembra congelarsi in uno stato "aperto". Non c'è un prima o un dopo che definisca la sorte del gatto, ma solo una dimensione sospesa, ricca di possibilità.

Questo ci conduce a una visione non lineare del tempo: un'idea che trova radici non solo nella fisica moderna, ma anche nella filosofia. Henri Bergson, filosofo francese, sosteneva che il tempo reale non è una sequenza rigida di eventi, ma un flusso continuo e creativo. Nel caso del paradosso, la decisione di aprire la scatola diventa una soglia temporale: il momento in cui il possibile si traduce in realtà.

Il libero arbitrio umano può essere interpretato come un'interazione costante con questa *dimensione del possibile*. Ogni scelta che compiamo alza il sipario su una nuova realtà, trasformando potenziali infiniti in eventi concreti. Potremmo persino dire che la nostra esistenza cosciente si svolge sul confine tra il non-ancora e l'adesso.

Anche nella filosofia contemporanea, personaggi come David Chalmers hanno esplorato la connessione tra la coscienza e il mondo fisico, interrogandosi su quanto la mente, con le sue decisioni, influenzi ciò che chiamiamo "realtà oggettiva". La metafisica suggerisce che non siamo pedine in un universo determinato, ma esseri che costantemente partecipano alla costruzione del reale.

Tornando alla metafisica, il paradosso del Gatto non ci parla solo di fisica, ma anche di umanità. La nostra libertà sta nell'apertura delle possibilità, nel momento ancora incerto prima che la realtà venga definita. La coscienza non osserva soltanto; essa crea, sceglie, e interviene.

In fondo, il gatto nella scatola parla di tutti noi. Come lui, fluttuiamo in uno spazio aperto, tra ciò che potremmo essere e ciò che siamo. Se il tempo e il destino sembrano talvolta insormontabili, forse è proprio la coscienza a darci speranza. Aprendo la scatola, ogni volta, scegliamo il nostro futuro.

La dualità tra sovrapposizione e unità della coscienza.

La coscienza umana, come il gatto di Schrödinger, sembra oscillare tra stati multipli. Spesso siamo consapevoli di idee, emozioni e impulsi contrastanti che convivono nella mente. Proprio come gli stati quantistici coesistono in una sovrapposizione, così la coscienza pare essere un mosaico complesso di processi cognitivi che si influenzano reciprocamente. Ma quando agiamo o prendiamo una decisione, tutto si riduce a un solo stato chiaro e definito. Questo momento di chiarezza potrebbe essere paragonato al "collasso della funzione d'onda" in fisica: nel microcosmo del nostro cervello, il caos delle possibilità si unifica in un'unica realtà esperita.

Roger Penrose, fisico e matematico, ha affrontato questo tema nei suoi studi sulla coscienza. Penrose propose che i processi cerebrali possano coinvolgere fenomeni quantistici. Penrose e lo scienziato Stuart Hameroff formularono poi la controversa teoria OR (Orchestrated Objective Reduction). Secondo tale teoria, i microtubuli nelle cellule cerebrali potrebbero fungere da substrato per i processi quantistici, trasformando eventi quantistici in esperienze coscienti. La mente, in questa visione, diventa un "ponte" tra la complessità del mondo fisico e la singolarità della nostra esperienza.

L'idea del cervello come un "computer quantistico biologico" affascina tanto quanto divide la comunità scientifica. In un sistema classico i processi avvengono sequenzialmente, come in una lunga catena di eventi. Però, nel mondo quantistico, una quantità sorprendente di calcoli può avvenire simultaneamente grazie al fenomeno della sovrapposizione. Qualcosa di simile potrebbe accadere anche nei nostri processi mentali. Quando pensiamo, ci sembra di esplorare più opzioni contemporaneamente, come se analizzassimo tutte le possibilità prima di sceglierne una.

Uno studio del 2014 condotto presso l'Università del Sussex da Anirban Bandyopadhyay ha suggerito che alcuni meccanismi del cervello sembrano davvero essere non-lineari e profondamente complessi. L'idea è ancora in fase di studio, ma apre a nuovi orizzonti sul rapporto tra fisica quantistica e il funzionamento della mente.

Se la coscienza è simile a un sistema quantistico, il libero arbitrio potrebbe emergere da questa ambiguità.

In fisica quantistica, l'osservatore svolge un ruolo fondamentale nel determinare lo stato di un sistema. Analogamente, la coscienza potrebbe essere l'osservatore che trasforma potenzialità in realtà. Una scelta, secondo questa visione, non sarebbe predeterminata come nei sistemi classici, ma sarebbe il risultato di questi processi di sovrapposizione e collasso.

Nel 1971, il filosofo Daniel Dennett suggerì l'idea che la coscienza fosse "un effetto emergente". Nella sua visione, la mente non funziona come una macchina lineare, ma come un insieme di processi paralleli che competono per guadagnare l'attenzione. Questo rispecchia l'idea di stati sovrapposti che collassano in un'unica prospettiva. Dennett, però, attribuiva un'origine puramente biologica al fenomeno, rifiutando le speculazioni quantistiche.

Da Platone alla fisica moderna: ponti culturali.

La dualità mente-corpo è un tema antico. Già Platone, nel IV secolo a.C., paragonava l'anima a un auriga che governa cavalli selvaggi: una metafora che richiama il contrasto tra l'unità della coscienza e le sue forze interne. Nei secoli, il tema si è trasformato, ma il quesito rimane: come si passa dal caos dell'esperienza mentale all'ordine del pensiero consapevole?

Nel Novecento, Carl Gustav Jung usò una curiosa immagine per descrivere la psiche. Secondo lui, il processo creativo è una forma di sovrapposizione che avviene nell'inconscio. In un'intervista del 1957, Jung disse:

"Le storie più grandi sono quelle che nascono dall'indeterminatezza".

Come nel gatto di Schrödinger, la coscienza emerge dalla tensione tra ciò che è possibile e ciò che diventa reale.

Il paradosso del gatto di Schrödinger mette in crisi tutte le nostre certezze: non riguarda solo la fisica, ma la natura stessa dell'essere. Se la coscienza opera in modo simile a un sistema quantistico, non siamo soltanto spettatori della realtà, ma i suoi co-creatori. L'atto di "osservare" il mondo diventa, in ultima analisi, uno strumento per definirlo.

In questo senso, il paradosso del gatto potrebbe non limitarsi a un esperimento mentale. Potrebbe essere lo specchio del nostro modo di essere nel mondo: divisi tra infinite possibilità, eppure capaci di trasformarle in una sola esperienza, quella che chiamiamo vita.

L'integrazione degli stati informazionali.

Alcuni scienziati e filosofi vedono nella coscienza un processo dinamico che emerge dall'integrazione di informazioni, anche a livello quantistico. Per esempio, il fisico Roger Penrose e l'anestesiologo Stuart Hameroff hanno proposto che i microtubuli all'interno delle cellule cerebrali potrebbero agire come "computatori quantistici". Secondo questa visione, gli stati quantistici del cervello non sarebbero semplici processi isolati, ma componenti fondamentali che collasserebbero nell'esperienza unitaria della coscienza.

La metafora del gatto può aiutare a visualizzare questa idea. Nel paradosso, il felino, finché non osservato, si trova in uno stato di sovrapposizione. Analogamente, alcuni pensano che la coscienza emerga da una sovrapposizione complessa di informazioni che, al momento dell'elaborazione, si "definiscono" in una percezione coerente. La mente, dunque, sarebbe un'interfaccia che collega potenzialità multiple, selezionandone solo una come esperienza attuale.

Non tutti concordano con questa prospettiva. Max Tegmark, fisico e cosmologo del MIT, ha criticato con forza queste teorie. Secondo Tegmark, i processi quantistici nel cervello sarebbero troppo instabili a temperature normali. Il calore, sostiene lui, distruggerebbe qualsiasi coerenza quantistica necessaria per le funzioni cerebrali. Per Tegmark, la coscienza può essere spiegata attraverso gli strumenti classici della biologia e delle neuroscienze.

La discussione è ancora aperta. Come spesso accade nei dibattiti scientifici, c'è chi sostiene che la natura quantistica sia cruciale e chi, come Tegmark, ritiene che le teorie quantistiche siano una forzatura.

Al di là della fisica, il gatto di Schrödinger offre uno strumento di riflessione su cosa significa "osservare" la realtà. Se il paradosso suggerisce che un sistema non si definisce fino a quando non viene osservato, potremmo applicare questo principio anche alla nostra esperienza soggettiva. Il filosofo David Chalmers ha definito la coscienza "il problema difficile". Come possono configurazioni materiali dare origine a sensazioni, emozioni e pensieri?

Se accettiamo le basi concettuali del pensiero quantistico, possiamo immaginare che la coscienza non sia irrilevante per il funzionamento del mondo fisico. Al contrario, potrebbe giocare un ruolo chiave nell'organizzazione e nell'interpretazione dell'universo stesso. Il filosofo tedesco Thomas Nagel ha sottolineato quanto sia difficile distillare l'esperienza soggettiva in termini puramente oggettivi. Questo richiama l'idea che la consapevolezza e l'osservazione modifichino l'essenza di ciò che consideriamo realtà.

Cosa si prova ad essere un pipistrello?

Questo concetto, apparentemente sconcertante, ha spinto fisici, filosofi e studiosi a interrogarsi sul ruolo dell'osservatore. È solo l'atto di osservare a "collassare" questa sovrapposizione in una realtà precisa? Il filosofo tedesco Thomas Nagel affrontò una questione simile, seppur da un'altra prospettiva, nel suo celebre saggio *"What Is It Like to Be a Bat?"* (1974). Nagel si chiedeva quanto sia impossibile ridurre l'esperienza soggettiva del vivere — per esempio quella di un pipistrello — in termini puramente oggettivi o scientifici. Come possiamo comprendere l'esperienza di un essere diverso da noi? Per estensione: come possiamo davvero comprendere la relazione tra la nostra coscienza e l'universo?

Nagel descriveva la questione dell'esperienza soggettiva, come qualcosa di irriducibile: un nocciolo di consapevolezza che sfugge alla riduzione scientifica. Se pensiamo al gatto di Schrödinger, non solo si apre la domanda su ciò che è reale dentro la scatola, ma anche su come la consapevolezza umana trasformi quell'esperimento in un problema rilevante.

Per Nagel, non importa quante variabili misuriamo o con quanta precisione analizziamo un essere. L'esperienza vissuta resta inaccessibile dall'esterno. Un uomo potrà conoscere ogni dettaglio della biologia di un pipistrello, ma non potrà mai sapere davvero "*com'è essere un pipistrello*".

È questa idea che permette di connettere la filosofia di Nagel al paradosso di Schrödinger. L'esperienza soggettiva è, in fondo, ciò che rende l'osservatore una figura centrale nelle interpretazioni della fisica quantistica. Che ruolo gioca la nostra coscienza davanti a quella scatola chiusa? Quando apriamo la scatola, il gatto diventa vivo o morto. Ma prima? È viva quell'esperienza soggettiva che ci permette di osservare, interpretare, scegliere.

Per capire l'irriducibilità dell'esperienza soggettiva, possiamo ricorrere a una metafora suggerita da Arthur Eddington, un altro gigante della scienza del Novecento. Arthur Eddington espose un'idea in alcune delle sue opere in inglese, come "*The Nature of the Physical World*" (1928). In questo testo, Eddington utilizza la metafora delle "due scrivanie" per illustrare la differenza tra la visione comune di un oggetto fisico e la sua descrizione scientifica.

La "prima scrivania" rappresenta il mondo come lo percepiamo: un oggetto solido e familiare. La "seconda scrivania", invece, rappresenta la comprensione scientifica moderna, secondo la quale la scrivania è composta principalmente da spazi vuoti tra particelle subatomiche, il che ne rivela la realtà meno intuitiva e più complessa.

"*La seconda scrivania*" è un oggetto che crediamo solido, ma che la fisica descrive attraverso nuclei atomici distanti spazi immensi. Per Eddington, esiste sempre una distanza tra il dato scientifico e quello che percepiamo. Similmente, per Nagel, l'esperienza soggettiva rimane una frontiera inaccessibile.

Un esempio concreto è quello dei colori. Immaginiamo due persone che osservano lo stesso tramonto dai tetti di Parigi, magari di fronte alla Tour Eiffel in un tardo pomeriggio d'estate. Entrambi vedono il cielo tingersi di arancione, ma ognuno vive quell'esperienza in un modo unico. Anche se la scienza può analizzare la lunghezza d'onda della luce, non potrà mai spiegare davvero cosa prova "nel proprio cuore" ciascuna persona. Questa prospettiva non è distante dall'immagine del gatto di Schrödinger: il mondo ha una sua realtà "oggettiva", ma è sempre l'osservazione soggettiva a darle un senso.

L'idea che l'esperienza soggettiva sia irriducibile non implica necessariamente un dualismo cartesiano, ma solleva domande cruciali. Berkeley, ad esempio, nel Settecento, sosteneva che tutta la realtà esisteva solo in rapporto alla percezione di una mente. Nell'esperimento di Schrödinger, possiamo chiederci: il gatto "esiste" solo nel momento in cui lo osserviamo?

Da un lato, la visione di Berkeley sembra trovare nuove basi nella fisica quantistica. Dall'altro, però, Nagel ci ricorda che l'esperienza soggettiva, pur essenziale, rimane al di fuori dell'ambito scientifico e descrittivo. Proprio in questa irriducibilità incontriamo un limite che né la fisica né la filosofia hanno ancora superato.

Di fronte alla scatola del gatto di Schrödinger si trova, in fin dei conti, quello stesso "osservatore" che Nagel ci invita a considerare. Non è solo una figura teorica, ma l'incarnazione dell'esperienza, della coscienza e della sensibilità umana. Ogni esplorazione scientifica, ogni misura o teoria, inizia e finisce dentro di noi, dentro quel "nocciolo di consapevolezza" che, come diceva Nagel, sfugge sempre a qualsiasi riduzione.

Da Parigi ai laboratori scientifici, dalle aule di Cambridge alle letture filosofiche, l'esperienza del "cosa si prova a essere" non smette di interrogare chi osserva, chi vive e chi cerca di capire. Anche un semplice gatto, chiuso in una scatola, può cambiare per sempre la nostra visione del mondo.

Metafisica e scienza: un dialogo in corso.

Tornare al paradosso del gatto significa, in fondo, riflettere su quanto poco sappiamo del nostro universo. Il confine tra l'osservato e l'osservatore resta sottilissimo, proprio come quel confine sfocato tra ciò che definiamo oggettivo e ciò che viviamo come soggettivo. Come suggeriva Nagel, non possiamo mai eliminare del tutto l'aspetto della coscienza nelle nostre indagini sul mondo. Al contrario, forse è il nostro sguardo consapevole a dare vita agli enigmi che ancora ci affascinano e ci spaventano.

È il momento di aprire la scatola del pensiero e osservare: forse, dentro, c'è molto più di un gatto alterato dalla fisica. C'è, probabilmente, tutta la nostra idea di cosa significhi essere vivi come osservatori del cosmo.

Le connessioni tra la fisica quantistica e la coscienza, al momento, rimangono speculative. Ma proprio le domande aperte rendono affascinante il paradosso del gatto: un invito a esplorare i confini tra mente, informazione e realtà. Schrödinger, con il suo felino immaginario, ci ha lasciato un'eredità di dubbi che continua a sfidare le menti più acute. E forse, proprio come il gatto, anche la coscienza si trova in uno stato di continua sovrapposizione tra scienza e mistero.

Considerazione finale.

"Il gatto di Schrödinger non è né parabola né paradosso, ma strategia: metafora di ciò che non può essere deciso nell'infinito gioco delle interpretazioni."
(Umberto Eco)

In sintesi, il paradosso di Schrödinger non solo mette in discussione alcune intuizioni fondamentali sulla realtà fisica, ma, quando applicato alle teorie della coscienza, suggerisce nuovi modi di pensare alla mente, al libero arbitrio e all'interazione tra informazione quantistica e fenomeni mentali. Questi temi rimangono al centro del dibattito interdisciplinare tra fisica, filosofia e neuroscienze.

Realtà oggettiva o costruzione della mente?

In meccanica quantistica, il paradosso del gatto nasce dall'idea di sovrapposizione. Prima che si apra la scatola, il sistema quantistico del gatto si trova in uno stato "ibrido", vivo e morto allo stesso tempo. Solo il nostro atto di osservare sembra "collassare" questa incertezza in una delle due possibilità. Ma cosa significa tutto questo? È la realtà oggettiva del gatto che cambia, o siamo noi, con la nostra coscienza, a definire quale stato emerge?

Questa domanda, apparentemente accademica, si intreccia con riflessioni sulla natura dell'esperienza soggettiva. Se la nostra osservazione è così determinante, potrebbe significare che la realtà stessa è incompleta senza un osservatore. Questa visione entra nel cuore del problema filosofico: noi conosciamo il mondo attraverso i nostri sensi e la nostra coscienza, ma ciò che vediamo corrisponde davvero a ciò che esiste "là fuori"?

L'idea che la coscienza possa influire sulla realtà quantistica è stata discussa anche da fisici e filosofi moderni, come Eugene Wigner. Wigner, premio Nobel per la fisica, si interrogò sul ruolo del "conoscitore" nell'universo. Arrivò a suggerire che la coscienza potrebbe avere una funzione attiva nella costruzione della realtà. Questo concetto inquieta molti scienziati, poiché sembra spostare la fisica in un territorio che tradizionalmente appartiene alla metafisica.

Un esperimento particolarmente interessante è l'esperimento della "scelta ritardata" di John Wheeler, fisico americano del XX secolo. Wheeler dimostrò che il comportamento di una particella quantistica (ad esempio, un fotone) sembra dipendere anche da scelte fatte dopo che l'evento stesso si è verificato. Questo fenomeno, noto come *"retro-causalità"*, suggerisce che l'osservazione non solo interpreta la realtà, ma forse la definisce anche retroattivamente. Di fronte a esempi così stranianti, viene naturale chiedersi: dove finisce la fisica e dove inizia il dominio della coscienza?

Un aspetto cruciale di questi interrogativi riguarda il libero arbitrio. Se la coscienza influisce sulla realtà, allora la nostra libertà potrebbe essere più significativa di quanto crediamo. Ma se la nostra percezione è solo un filtro, una costruzione parziale di una verità più grande che rimane inaccessibile, quanto di ciò che percepiamo come reale è davvero parte di una scelta consapevole?

Il legame tra fisica quantistica e libero arbitrio è stato esplorato anche dal filosofo Karl Popper, che considerava la sovrapposizione quantistica come un possibile "ponte" tra determinismo e libertà. In opposizione al rigido determinismo della fisica classica, dove ogni evento è previsto e inevitabile, il mondo quantistico sembra avere spazio per l'incertezza. Ma questa incertezza è davvero libertà, o siamo di fronte a un'illusione più complessa?

Nel mondo scientifico, il paradosso ha anche ispirato approcci diversi alla conoscenza della realtà. L'interpretazione a molti mondi di Hugh Everett III, ad esempio, propone che ogni possibile esito si realizzi in universi paralleli. In questa interpretazione, il gatto non è né vivo né morto: esistono due gatti in due mondi distinti. Ma questo ci avvicina o ci allontana dalla comprensione della realtà oggettiva?

Al fondo, la discussione sul gatto di Schrödinger ci costringe a riflettere su uno dei più grandi misteri dell'esistenza: il rapporto tra ciò che siamo e ciò che il mondo è. Se la nostra coscienza è un filtro, allora la vera realtà potrebbe rimanere per sempre fuori dalla nostra portata. Se invece la nostra coscienza è un agente attivo, allora siamo parte integrante del grande processo creativo dell'universo.

Cosa ci insegna il Gatto di Schrödinger sull'universo e su di noi?

Il paradosso del gatto non è solo una bizzarria della fisica, ma una guida per esplorare i confini tra scienza, filosofia e immaginazione. In un'epoca di cambiamenti, esso incarna il mistero e la meraviglia di una realtà che non smette mai di sorprenderci. Dove finisce la scienza e inizia il pensiero metafisico? Forse, nel momento stesso in cui apriamo una scatola per cercare risposte.

Immaginate di trovarvi nel 1935, anno in cui Erwin Schrödinger descrisse per la prima volta il suo provocatorio esperimento mentale. La fisica quantistica, nata da pochissimo, aveva già sconvolto le certezze del mondo. Albert Einstein e Niels Bohr si sfidavano nei congressi con domande che suonavano quasi eretiche: può una particella essere in due posti contemporaneamente? La realtà esiste solo perché noi la osserviamo? In quell'atmosfera carica di idee rivoluzionarie, Schrödinger prese un problema tecnico della fisica e lo trasformò in una questione filosofica universale.

In che cosa consiste il suo esperimento? È semplice e, al tempo stesso, inquietante. Un gatto è chiuso in una scatola insieme a un meccanismo che, a causa di un processo quantistico aleatorio, può rilasciare o no un veleno. Finché non apriamo la scatola, il gatto è vivo e morto nello stesso momento. Questo stato ambiguo, chiamato "sovrapposizione quantistica", è reale o è solo un'illusione legata ai limiti della nostra comprensione?

Il paradosso del gatto ha lasciato tracce indelebili non solo nella fisica, ma anche nella filosofia, nell'arte e nelle scienze umane. Esso rompe il confine fra il mondo oggettivo della scienza e il soggettivo territorio del pensiero metafisico. Schrödinger ci avverte di non dare nulla per scontato. Come osservatori, siamo partecipi della realtà, non semplici spettatori. La linea che separa "ciò che è" da "ciò che potrebbe essere" diventa sottile, persino indefinibile.

Per Werner Heisenberg, padre del famoso "principio di indeterminazione", il gatto di Schrödinger simboleggiava l'irriducibile complessità della natura. Heisenberg scrisse che la fisica quantistica non descrive "cose" ma piuttosto "possibilità". Un'affermazione che richiama il pensiero del filosofo greco Aristotele, il quale rifletteva già nel IV secolo a.C. su ciò che è potenziale e su ciò che si realizza. Il gatto, in un certo senso, vive in quel limbo aristotelico: né completamente vivo né completamente morto, ma in attesa di "essere" qualcosa di definito.

Sebbene il paradosso nasca come un'astrazione scientifica, la sua lezione si applica anche alla nostra esistenza quotidiana. Quante decisioni rimangono in sospeso, come il destino del gatto, fino a quando non le affrontiamo? Viviamo costantemente in stati di possibilità, scegliendo ogni giorno quale realtà "collassare". Non è questo, in fondo, uno degli aspetti più affascinanti della libertà umana?

Un celebre esempio viene dal romanzo di Italo Calvino *"Se una notte d'inverno un viaggiatore"*, dove il lettore stesso si interroga sulla natura delle realtà possibili attraverso una narrazione frammentaria. Un'opera che, sebbene lontana dalla fisica, cattura l'essenza del Gatto di Schrödinger: esistiamo contemporaneamente in diverse versioni di noi stessi, fino a quando non scegliamo un percorso.

Ma il gatto di Schrödinger non è solo un simbolo di incertezza. È anche una guida. Ci insegna che, oltre il velo del conosciuto, c'è un universo intero di possibilità che aspetta di essere esplorato. La nostra capacità di immaginare l'invisibile è ciò che spinge avanti la scienza, la filosofia e l'arte.

Nell'epoca contemporanea, le ricerche sull'intreccio tra coscienza e universo amplificano ulteriormente il messaggio del paradosso. Studiosi e filosofi si chiedono, ad esempio, se la coscienza stessa possa essere quantistica. Il neuropsichiatra Karl Pribram e il fisico David Bohm hanno esplorato idee rivoluzionarie come quella dell'universo olografico, secondo cui ogni parte contiene l'informazione del tutto. Qui il gatto di Schrödinger diventa non solo fisica ma simbolo: un microcosmo che riflette l'intero universo.

In un certo senso, il gatto di Schrödinger ci invita a riflettere su dove finisce la scienza e dove inizia il pensiero metafisico. Esiste davvero un confine netto tra i due? Forse la risposta si trova nel momento stesso in cui apriamo idealmente la famosa scatola. Che il gatto sia vivo o morto, resta un fatto inconfutabile: l'esperimento mentale ci costringe a considerare l'universo non solo come un oggetto da osservare, ma come un mistero da vivere.

E così, in una scatola sigillata da quasi novant'anni, non troviamo solo un paradosso. Troviamo una lezione per il nostro tempo: accettare l'imprevedibile, abbracciare il possibile e non smettere mai di immaginare.

Albert Einstein scrisse così nella sua famosa lettera al fisico Max Born:

"Credi davvero che la luna non sia lì se non la guardiamo?"

Forse, parafrasando questa citazione, il paradosso del gatto suggerisce qualcosa di ancora più sottile. Non solo potremmo non sapere se la luna è lì. Oltre ciò, la luna potrebbe esistere proprio perché c'è una coscienza tanto curiosa da chiederlo.

Bibliografia.

Adams Douglas	The Meaning of Liff and Schrödinger's Cat – Penguin Books, 1983
Baggott Jim	Farewell to Reality: How Modern Physics Has Betrayed Schrödinger's Cat – Pegasus Books, 2013
Baggott Jim	Il gatto di Schrödinger e la realtà quantistica - Bollati Boringhieri, 2022.
Barrow John D.	Il gatto di Schrödinger - Traduzione di Marco Palla - Mondadori, 1990.
Bennett Charles	Schrödinger's Cat and Quantum Information – Springer, 2011
Bianchi Massimo	La meccanica quantistica e il mistero del gatto di Schrödinger - Editore Franco Muzzio, 2008.
Bocchi Valerio	La fisica del gatto di Schrödinger - Hoepli, 2016.
Bohm Lisa	The Metaphysics of Schrödinger's Cat – University Press, 1999
Brooks Michael	13 Things That Don't Make Sense: The Philosophy of Schrödinger's Cat – Profile Books, 2009
Bruzzaniti Giuseppe	La matematica dietro il gatto di Schrödinger - Raffaello Cortina Editore, 2015.
Byrne Peter	Schrödinger: Life and Thought of the Man Behind the Cat – Oxford University Press, 2015
Calaprice Alice	Schrödinger's Cat: Quotes and Reflections on Science and Philosophy – Princeton University Press, 2005
Clegg Brian	How Schrödinger's Cat Explained the Quantum World – Icon Books, 2013
Cox Ian	Schrödinger's Cat Gets Political: The Science of Decision Making – Spectra Books, 2018
D'Espagnat Bernard	Reality and Schrödinger's Cat: The Search for Universes – Cambridge University Press, 2006
Deutsch David	The Schrödinger's Cat Universe: Parallel Worlds of Reality – Penguin, 1997
Deutsch David	La realtà spiegata attraverso il gatto di Schrödinger - Adelphi, 2020.

Eagleton Anne	Schrödinger's Cat in Literature and Art: A Study of Metaphorical Influence – Routledge, 2012
Everett Hugh III	Quantum Mechanics and Schrödinger's Cat Paradox – Wiley, 1968
Falconi Luca	Nel mondo del gatto di Schrödinger - Liguori Editore, 2007.
Feynman Richard	Adventures with Schrödinger's Cat: Musings on Physics – Penguin, 1992
Garlo Mattia	Schrödinger. Il gatto e la metafisica dell'universo - Einaudi, 1998.
Gell-Mann Murray	The Quantum Universe and Schrödinger's Cat Little, Brown, 1994
Giunti Carlo	Gattini quantistici: un viaggio nella fisica del gatto di Schrödinger - Carocci Editore, 2011.
Goldstein Sheldon	Debating Schrödinger's Cat: Interpretations of Quantum Mechanics – Springer, 2010
Greenfield Amy	Il mistero del gatto di Schrödinger: fisica quantistica per principianti - Longanesi, 2002.
Gribbin John	In Search of Schrödinger's Cat: Quantum Physics and Reality – Bantam Books, 1984
Gribbin John	Schrödinger's Kittens and the Search for Reality: Solving the Quantum Mysteries – Little, Brown, 1995
Gribbin John	Alla ricerca del gatto di Schrödinger - Zanichelli Editore, 1995.
Grimaldi Enrico	La logica del gatto di Schrödinger - Feltrinelli, 2003.
Hawking Stephen	Schrödinger's Cat and Black Holes: Essays in Quantum Theory – Random House, 1999
Hawking Stephen	Il gatto di Schrödinger: un ponte sulla realtà quantistica - Laterza, 2005.
Heisenberg Werner Jr.	The Logical Foundations of Schrödinger's Cat – Springer, 1973
Hoffman Banesh	Schrödinger's Cat Meets Gödel: Philosophical Implications of Physics – Cambridge University Press, 1998
Hood Christopher	Schrödinger's Cat for Beginners: A Layperson's Guide to Quantum Mechanics – For Beginners LLC, 2010
Kaku Michio	Il cosmo del gatto di Schrödinger - Garzanti, 2010.
Kaplan Lawrence	The Physics of Schrödinger's Cat and the Philosophy of Non-Being – Routledge, 2014
Lane Nick	Life Ascending: The Quantum Origin of Schrödinger's Cat – W.W. Norton & Co., 2009
Loewer Barry	Schrödinger's Cat and the Interpretations of Quantum Mechanics – Oxford University Press, 2011

Maldini Irene	Tra fisica e filosofia: il gatto di Schrödinger - Sellerio Editore, 1997.
Marinelli Franco	I molteplici mondi del gatto di Schrödinger - Il Mulino, 2001.
Mermin David	Quantum Realities and the Legacy of Schrödinger's Cat – Springer-Verlag, 2002
Moore Walter	Schrödinger: Life and Times of a Cat-Maker – Cambridge University Press, 1989
Nahin Paul	Schrödinger's Cat and the Reality of Time – Princeton University Press, 2007
Nichols Peter	Schrödinger's Cat: The Paradox of Life and Death – Harvard University Press, 2000
Noble Donald	The Quantum Experience: Schrödinger's Cat and CI Models – Springer, 2020
Penrose Roger	The Emperor's Cat-Paradox: Schrödinger, Turing, and Consciousness – Random House, 1996
Rosenblum Bruce	Schrödinger's Cat and the Mind's Eye: Physics Meets Consciousness – Oxford University Press, 2008
Rovelli Carlo	Il gatto e l'informazione quantistica - Adelphi Edizioni, 2013.
Sabine Hossenfelder	Quantum Mad Cats: Schrödinger's Thought Experiment in Modern Physics – Triad, 2021
Schlosshauer Maximilian	Decoherence and Schrödinger's Cat: Understanding Quantum Mysteries – Springer, 2007
Schmitt Roger	Schrödinger's Cat and the Multiverse Theory – Routledge, 2015
Sharp Karen	Schrödinger's Cat in a Postmodern World: A Fictional Introduction – Polity Press, 1993
Shoemarck Peter	La metafisica del gatto di Schrödinger - Mondadori Università, 2006.
Smith Andrew	Beyond Schrödinger's Cat: Quantum Science Simplified – Icon Books, 2019
Susskind Leonard	Physics for Cats: Schrödinger's Cat Explored – Basic Books, 2009
Tegmark Max	The Quantum Cosmos: Schrödinger's Cat and Multiverses – Knopf, 2014
Tegmark Max	Universi paralleli e il gatto di Schrödinger - Bollati Boringhieri, 2015.
Tipler Frank	Mathematical Physics of Schrödinger's Cat: Issues of Interpretation – Oxford University Press, 1987
Turchetti Simone	The War of Schrödinger's Cat: Politics, Science, and Paradox – University Press of Chicago, 2018

Vedral Vlatko	The Information Cat: Schrödinger's Paradox in Quantum Computing – World Scientific, 2013
Walker Evan Harris	The Physics of Consciousness: Schrödinger's Cat Revisited – Basic Books, 2000
Wallace David	Many Worlds and the Mystery of Schrödinger's Cat – Rochester Cambridge Series, 2020
Weinberg Steven	The Dream of Schrödinger's Cat: Interpreting Modern Physics – Houghton Mifflin, 1993
White Thomas	Schrödinger's Cat: Science in the Popular Imagination – Macmillan, 2019
Wilczek Frank	Schrödinger's Kitten: From Universe to Particle Physics – Princeton University Press, 2018
Zurek Wojciech	Schrödinger's Cat Redux: Quantum Physics, Philosophy, and Cosmology – Springer Verlag, 2021
Zurek Wojciech	Schrödinger e la sovrapposizione quantistica: il gatto spiegato - Laterza, 2012.

Bruno Del Medico, blogger, scrittore, editore, specializzato nella divulgazione di temi legati alla attualità sociale e alle nuove frontiere della scienza. È autore di molte pubblicazioni, tra cui una collana specializzata su fisica e metafisica quantistica.

\# gatto di Schròdinger, filosofia della scienza, metafisica, entanglement quantistico, coscienza quantistica, collasso quantistico, onda particella, sovrapposizione quantistica.

\# David Bohm, universo intelligente, sopravvivenza dell'anima, spiritualità, anima immortale, aldilà, NDE, particelle elementari, fotoni, Carl Jung. sincronicità, inconscio collettivo.

www.ingramcontent.com/pod-product-compliance
Lightning Source LLC
LaVergne TN
LVHW020322200726
843507LV00012B/2199